BIBLIOTHÈQUE
DE LA REVUE GÉNÉRALE DES SCIENCES

OPINIONS ET CURIOSITÉS

TOUCHANT

LA MATHÉMATIQUE

D'APRÈS

Les Ouvrages français des XVIe, XVIIe et XVIIIe siècles.

Ce qui passe la Géométrie nous surpasse.

(PASCAL.)

OPINIONS ET CURIOSITÉS

TOUCHANT

LA MATHÉMATIQUE

D'APRÈS

Les Ouvrages français des XVIᵉ, XVIIᵉ et XVIIIᵉ siècles

PAR

Georges MAUPIN

Licencié ès sciences mathématiques et physiques,
Membre de la Société mathématique de France,
Surveillant général au lycée de Nantes.

> *Ce qui passe la Géométrie nous surpasse.*
>
> PASCAL.

PARIS

GEORGES CARRÉ ET C. NAUD, ÉDITEURS

3, RUE RACINE, 3

1898

A Monsieur C.-A. LAISANT

Hommage d'affectueux respect.

ORONCE FINE .

OPINIONS ET CURIOSITÉS

LA MATHÉMATIQUE

CHAPITRE PREMIER

La Géométrie d'Oronce Fine. — Sa quadrature du cercle.

(1556)

ORONTII FINÆI DELPHINATIS, REGII MATHEMATICARUM professoris, De rebus mathematicis, hactenus desideratis..... ex officina Michaëlis Vascosani, via Jacobæa, ad insigne fontis (*Lutetiæ Parisiorum*, Anno Christi Servatoris MDLVI).

LA PRACTIQUE DE LA GÉOMÉTRIE D'ORONCE, professeur du Roy és mathématiques..... Reveüe et traduicte par Pierre Forcadel (1), lecteur du Roy es mathématiques (Paris, MDLXX — autre édition, MDLXXXV).

Le premier traité commence au problème des moyennes proportionnelles. L'auteur cherche à obtenir de diverses manières un carré ou un triangle équilatéral équivalents à un cercle donné. Voici ce qu'il dit en substance :

Soit un cercle E, dont AC et BD sont deux diamètres rectangulaires ; on joint par une ligne droite le point A à G, milieu de l'arc AD, et on divise cette droite AG en

---

(1) Le mathématicien Forcadel, protégé de Ramus, est mort vers 1573.

moyenne et extrême raison, GH étant le grand segment.

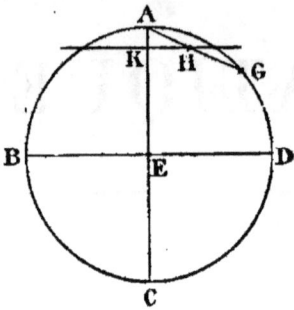

Fig. 1.

Par H on mène à BD la parallèle HK, qui rencontre AC en K : la longueur EK est le demi-côté du carré équivalent au cercle (*Liber secundus*, p. 72 et 73).

En supposant exacte cette quadrature de Fine, on trouverait pour π une valeur supérieure à 3,4 (1).

Fine croyait aussi avoir résolu les problèmes de la duplication du cube, de la trisection de l'angle et bien d'autres encore.

Oronce Fine (1494-1555) rendit aux mathématiques de grands services, non qu'il fût un savant véritable : ses ouvrages ne renferment aucune découverte et sont entachés d'erreur, mais il vulgarisa la géométrie qu'il appelle « pulchra mathesis », et la mit à la mode. Il avait déjà une grande réputation quand François Ier se l'attacha et l'employa aux fortifications de Milan, puis au siège de Pavie. Il est fait prisonnier en 1525, alors qu'il construisait un pont sur le Tessin. Bourbon et Pescaire essayent de le prendre à leur service, vainement, puisqu'on le trouve un peu plus tard professeur royal de mathématiques, jouissant d'une vogue extraordinaire. Princes, ambassadeurs, le roi lui-même assistent à ses cours ; et cependant il emploie mille expédients pour gagner un peu d'argent, et meurt enfin de misère et de faim. (Voyez la *Biographie* de Didot et les notes placées à la fin du présent volume.)

J'ai eu entre les mains un superbe in-4°, exemplaire

---

(1) En projetant le contour EDGHKE sur EA, il vient alors en effet :

$$4 \sin \frac{\pi}{10} \sin^2 \frac{\pi}{8} + \sin \frac{\pi}{4} - \frac{1}{2} \sqrt{\pi} = 0.$$

de son ouvrage *De rebus mathematicis*, édité par Michel Vascosan (qui vivait de 1500 environ à 1576). Les figures sont dans le texte, très nombreuses et très nettes, de grandes dimensions et ornées de nombreuses fleurettes. On trouve au début un distique de l'auteur, en l'honneur de la « divina proportio », c'est-à-dire de la division d'une droite en moyenne et extrême raison.

Thevet donne de Fine (p. 564) une longue biographie : « pour tous ses biens à sa mort n'avoit que grande charge de debtes, où il laissa (à son très grand regret) embarrassée sa chère espouse Denise Blanche chargée de cinq fils masles et une fille ». — Montucla le traite de « méchant mathématicien ».

Passons au second traité : il y est longuement décrit un « quarré géométrique », qui est un cadre en bois dur ABCD, ayant de trois pieds à quatre et demi de largeur, les planchettes qui le composent étant larges

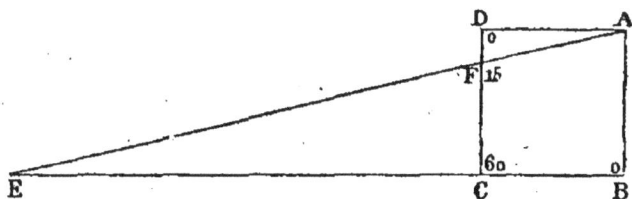

Fig. 2.

d'un demi-pied ; les droites égales CD et CB sont divisées en 60 parties égales, et une alidade à pinnules est mobile autour de A.

Soit à mesurer la longueur d'une droite BE horizontale, sur le terrain. On place l'instrument dans un plan vertical, ainsi que l'indique la figure, et on vise le point E. Supposons que DF comprenne 15 divisions, on en déduit BE $= \mathrm{AB} \times \dfrac{60}{15} = 4\ \mathrm{AB}$.

Le quarré se prête aussi à la détermination de la hauteur d'une tour ou d'une montagne, d'une façon peu exacte, mais rapide.

Le traité de Forcadel renferme en outre des procédés commodes pour mesurer les surfaces des triangles et polygones, les volumes des prismes, pyramides, polyèdres réguliers; et aussi pour obtenir d'une façon approximative les surfaces du cercle et de la sphère, les volumes de la sphère et du tonneau. Donnons un exemple : comment trouve-t-on la surface d'un triangle oxigone scalène? (autrement dit n'ayant pas d'angle obtus et dont les côtés sont tous différents) :

« Il reste maintenant de s'enquérir du triangle oxigone scalène, pour l'invention de laquelle est nécessaire en premier lieu trouver la perpendiculaire : par une telle subtilité. Multiplie un chacun costé par soy mesme : et garde à part les nombres produictz. Puis après compose ensemble les nombres produictz de la multiplication de la base, et du côté dextre par soy mesme : et sustrais du nombre qui en sera faict, le produit du côté senestre multiplié par soy mesme, et prens la moitié de ce qui restera : que si finalement tu la divises par la mesme base, tu auras la partie dextre d'icelle base en laquelle doibt tomber la perpendiculaire. Multiplie doncques celle partie par soy mesme, et sustrais le produict du nombre engendré de la multiplication du côté dextre par soy mesme, et prens finalement la racine quarrée de la reste : Car icelle monstrera la perpendiculaire. Et ayant trouvé la perpendiculaire, tu produiras à la manière accoutumée la désirée superficie d'iceluy triangle oxigone scalène proposé. »

Dans ce traité, ce que nous appelons application numérique est dénommé « discours exemplaire des choses prédictes ». On rappelle qu'Archimède a trouvé « par une plus divine qu'humaine démonstration »,

$$3\frac{1}{7} > \pi > 3\frac{10}{71}$$

et on reproduit son procédé.

CHAPITRE II

Quadrature du cercle par un noble chanoine, philosophe et poète.

(CHARLES DE BOVELLES, chanoine de Noyon, 1566).

—————

LA GÉOMÉTRIE PRATIQUE, composée par le noble philosophe maistre Charles de Bovelles (1) : et nouvellement par luy reveue, augmentée, et grandement enrichie. A Paris, chez Hierosme de Marnef et Guillaume Cavellat, au mont sainct Hilaire, à l'enseigne du Pélican, 1566 (Première édition de 1542).

AU LECTEUR

Amy lecteur, qui cherches les mesures,
Et quantitez des lignes et figures,
Et de tous corps, par art de Géométrie,
Et plusieurs poincts et secrets d'industrie,
Qui en cest art sont trouvés plus notables,
Et pour les gens d'esperit profitables,
Qui leur sçavoir rédigent en effect :
Avoir te fault ce livre, qui fut faict
Dedans Noyon, par Charles de Bovelles,
Qui n'est jamais sans faire œuvres nouvelles.
Entens le donc, et si n'oublie pas
L'esquière droict, la reigle et le compas :
Car de ces trois despend l'art et practique,
Et le profit du sçavoir géométrique.

—————

(1) Né en 1470, mort en 1553. Il avait beaucoup voyagé en Europe, ce qui le rendait un objet de vénération pour ses contemporains.

Charles de Bovelle cite souvent Euclide (1), mais on se demande s'il l'a réellement lu. Son livre renferme un mélange curieux de propositions exactes et de recettes erronées : il semble que son auteur ait mesuré grossièrement les dimensions des figures qu'il a tracées, et qu'il en ait déduit ses différents énoncés. Tout au début il dit que « l'Arithmétique en excellence de dignité et de naturelle perfection surmonte la Géométrie d'un hault degré », car « l'Arithmétique est dédiée aux nombres, lesquels sont gisans et situés en l'âme ; la Géométrie considère les mesures, les quantitez et dimensions corporelles, lesquelles sont posées et situées au corps, et en toute chose solide et matérielle ».

Voici les premières définitions :

« Le poinct ressemble à l'unité en arithmétique, car comme l'unité n'est pas nombre, mais est le commencement et principe de touts nombres, aussi le poinct est commencement de toute mesure et de toute corporelle dimension, n'ayant en soy ne longueur, ne largeur, ne profondité. »

« La ligne est semblable et proportionnée au nombre de deux, car à tout le moins deux poincts sont nécessaires à produire et tirer une ligne de l'une jusques à l'autre... La ligne tient une dimension, car elle est seulement longue, sans largeur et sans profondité. »

« La plaine, autrement dite superfice, ressemble par juste proportion au nombre de trois : car pour le moins sont nécessaires trois poincts pour clorre et fermer une plaine. Au moindre champ de terre, quel qu'il soit, fault trois lisières pour le fermer, comme il appert au

---

(1) « duquel le livre est à présent imprimé, et par tout divulgué », dit l'auteur lui-même, qui en 1511 avait déjà publié un autre livre de géométrie, lequel est sans doute le plus ancien imprimé en français. (Voyez Brunet, *Manuel du libraire*.)

triangle ABC. La plaine est longue et large, sans profondité. Quand on mesure un champ de terre, on ne
regarde que la longueur et largeur dudict champ, sans
considérer aucune profondité, car comme on dit en
latin : *cujus est solum, hujus est cœlum, et usque ad
infernum*, c'est-à-dire : qui est possesseur d'un champ
de terre, à luy est jusques au ciel, et jusques en enfer,
ou jusques au centre de la terre. Parquoy en la pro-
priété d'un champ de terre, on ne mesure que longueur
et largeur, et non le hault ne le bas ».

« Le corps se prend en géométrie, non pour la substance du corps humain subject et servant à l'âme, mais
pour toute mesure corporelle ayant trois dimensions,
c'est à sçavoir longueur, largeur et profondité.
Et ressemble le corps au nombre de quatre, car
pour le moins fault quatre poincts pour clorre et cons-
tituer un corps, comme il appert au corps triangulaire
ou pyramidal ABCD, ayant longueur, largeur et haul-
teur. Quand un maçon veult marchander de faire une
muraille ou une tour, il doit considérer et mesurer
combien on la veult de long et de large et de profond :
et sur ce doit faire son marché, ou autrement seroit
deceu. »

« La semblance et imitation de la treshaulte et tres-
saincte Trinité divine n'a en toute science de mathématique que trois mesures et corporelles dimensions,
longueur, et largeur, et profondité. Le poinct de ces
trois dimensions est du tout exempt ; la ligne est seulement longue ; la plaine est longue et large ; et le
corps, comme le plus parfaict de tous, est long, et
large, et profond. »

De Bovelle donne ensuite la solution exacte, sans
démonstration, de plusieurs problèmes : mener une
perpendiculaire à une droite, tracer deux droites paral-

lèles, diviser une droite en un nombre donné de parties égales, trouver le centre d'un cercle tracé, tracer un cercle passant par trois points, construire un isoplèvre (ou triangle équilatéral).

Il énonce des théorèmes généraux et se contente de les vérifier sur des cas particuliers : la somme des angles d'un triangle, le carré de l'hypoténuse le sont au moyen d'un orthogone isocèle. Voici cependant une proposition clairement expliquée :

« Les Alemans ont accoustumé de boire et manger sur tables quarrées, et les François sur tables plus longues d'un costé que d'autre. Il est doncques propos de réduire la table françoise à la table d'Alemaigne, et réduire tout quadrangle et rectangle longuet à son vray quarré. Soit donné un quadrangle longuet ABCD, duquel les deux costez AB et CD soient comme quatre et les deux autres AD et BC comme neuf. Je adjouste les deux divers costez ensemble, et en fay une ligne droicte ED,

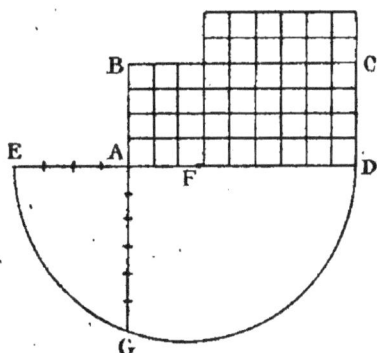

Fig. 3.

laquelle vaudra autant que treize, faicte de neuf et de quatre. Je divise ladicte ligne ED par la moitié sur le poinct F, et sur le point A de la commune adjonction je produy en bas une perpendiculaire AG, si longue que je veulx. Puis sur le poinct F, selon la quantité des lignés esgales FE et FD, je fay un demy cercle EDG : et où divisera et rencontrera ladicte perpendiculaire, je note le poinct G. Je dy que AG sera le costé du vray quarré qu'on demande : lequel sera esgal au premier quadrangle longuet ABCD, et aura d'un costé et d'autre six parties telles que le premier quadrangle longuet en avoit d'un costé quatre et de l'autre neuf. Et quatre fois neuf font trentesix, tout ainsi comme font six fois six. »

A propos du pentagone régulier inscrit à un cercle, notre chanoine donne d'après Ptolémée (ou plutôt son commentateur Geber) (1) la construction suivante :

Soit AC le diamètre du cercle, D le centre ; on joint le milieu E de DC au milieu B de l'arc ABC et on prend EF = EB : alors BF est le côté du pentagone. Ceci est bien exact, et on peut ajouter, de plus, que DF est le côté du décagone.

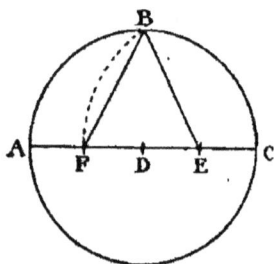

Fig. 4.

Il dit que l'on ne sait pas construire un heptagone régulier ayant un côté donné, et cependant ensuite il affirme que ce côté est la moitié de la hauteur du triangle équilatéral inscrit au même cercle. Enfin, toujours à propos des polygones réguliers, il remarque que

« Chacune figure angulaire a son propre et espécial angle, lequel est en certaine proportion à l'angle droict, comme nous avons ja dict plusieurs fois. Parquoy l'angle droict est le vray et certain moyen pour trouver et créer tous les angles des figures angulaires. Et conséquemment il est aussi le moyen à parfaire lesdictes figures sur les lignes assignées : car qui a trouvé et faict l'angle de quelque figure, il peult facilement parfaire entièrement ladicte figure. »

Il appelle « cathet » la droite qui passant par un sommet de l'heptagone, divise celui-ci en deux parties égales.

---

(1) Qui vivait au XIIe siècle : l'ouvrage de cet astronome arabe avait été publié en 1533 à Nuremberg.

Arrivons à la quadrature du cercle :

« Plusieurs le temps passé ont parlé de la quadrature du cercle, et ont prins grand'peine pour la trouver : ce qu'ils n'ont faict. Archimedes Syracusan, et Euclides Megarensis, y ont exposé du temps et n'y ont guère profité. Aristote en a escript, disant qu'elle se pouvoit trouver et n'estoit encore trouvée, dont il a incité plusieurs à ce faire : mais ils ne l'ont sceu trouver ne inventer. Un géométrien nommé Bravardin en a fait un petit traicté, cuidant l'avoir bien inventée, mais il y a grand faulte et visible abus en son propos, tellement que par sa quadrature faudroit que l'arc fust esgal à sa corde, ce qui est impossible, car chacun sçait que l'arc est plus long que sa corde, quelque petit qu'il soit. Un petit devant nostre temps, le révérendissime Cardinal nommé Nicolaus de Cusa (1) l'a bien trouvée et mise par escript en son livre, jaçoit que pour ce faire il ait usé et procédé par aucuns moyens estranges aux géométriens, car il a usé de dimensions infinies, lesquelles un géométrien ne cognoit et ne confesseroit jamais estre possibles. Nonobstant son invention est bonne et approuvée, tant par raison que par expérience. Aussi pareillement avons prins peine de la trouver par autre moyen, et n'avons esté frustrez de notre labeur : car nous estant une fois sur le petit pont de Paris, en regardant les roues d'un chariot tournans sur le pavé, me survint visible et facile occasion de venir à fin de mon intention. Il est notoire, quand une roue a faict un tour entier sur le plat pavé, que la ligne droicte sur laquelle elle a faict un tour entier est esgale à la circonférence de ladicte roue. Parquoy ne restoit plus que

---

(1) Nicolas de Cusa, 1401-1464, dit le Docteur très chrétien. — Voyez ses Œuvres, p. 1154.

de trouver les certaines incidences des poincts du quadrant de la roue, et de la moitié, et de la roue entière sur le pavé, à fin que par ce moyen lon peust trouver une ligne droicte esgale aux parties de la circonférence, et aussi à toute la circonférence, sans lequel moyen ne se pouvoit trouver la quadrature du cercle. Moy retourné au logis, à l'aide du compas et de la reigle, trouvay sur une table d'airain ce que je cherchoie facilement, comme nous le déclarerons cy après plus au long. »

« Soit un cercle proposé ABCD, divisé en quatre parties par deux diamètres AC et BD. Je prolonge le dia-

Fig. 5.

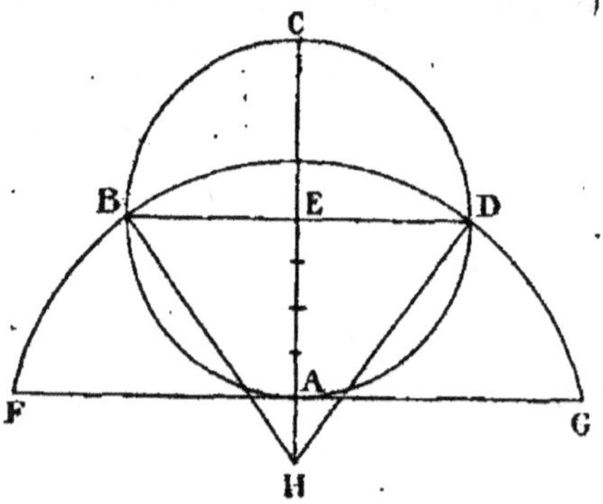

mètre AC en bas tant que je veulx, puis produy sous ledict cercle la ligne FAG, touchant ledict cercle sur le poinct A, distant esgalement au diamètre BED, laquelle ligne me représentera une plaine surlaquelle le cercle proposé (représentant une roue) se mouvera et fera son tour. Je divise le semidiamètre AE en quatre parties esgales, et dessous le cercle prens la mesure d'une quarte partie, tellement que la ligne EAH contienne cinq desdictes parties, et le semidiamètre EA, lesdictes quatre. Puis je produy la ligne HD et fay le poinct H comme un centre, et selon la ligne HD je produy un arc de cercle, jusques à ce qu'il rencontre et divise la ligne FAG sur les points FG. Je dy doncques que la ligne AG sera esgale à la quarte partie de la circonférence, et aussi de l'autre costé la ligne AF : car si le cercle ABCD estoit une roue tournant sur la plaine FG vers le poinct G, ledict point D viendroit rencontrer et cheoir sur G, et de l'autre costé le poinct B tomberoit sur le poinct F. »

Cette quadrature suppose que l'on prenne

$$\pi = \sqrt{10},$$

valeur comprise entre 3,1622 et 3,1623.

Nous passons ensuite différentes considérations sur les surfaces et volumes des corps ; un long chapitre « du son et accord des cloches, et des alleures des chevaux, chariots et charges, des fontaines, et encyclie du monde, et de la dimension du corps humain ». On verra par l'extrait suivant que l'auteur était d'un caractère jovial.

« LES TROIS JUSTICES SUR LE RAMON (1), OU BALAY »

« Il est composé de trois parties. Premier, du verd et menu bois, puis d'un long baston servant de manche, puis d'un lien ou hart liant et estraignant le menu bois au manche. »

Trois choses sont en un Ramon,
Bien ordonnée par raison,
La hart, le manche et le menu.
Par ces trois l'homme est maintenu :
A housser cul sert le menu
Dès bons enfants criant bu bu.
Le manche à bien frotter les os
Du gros varlet dessus son dos.
La hart à pendre le larron
Qui ne craint verge ne baston.

(1) « Ramon », terme picard.

Ainsi avons en la maison
Trois justices sur le Ramon,
La haulte, moyenne, et la basse.
Qui ne sait bien, faut qu'il y passe.
Haulte justice étreint le col,
La basse escorche le cul mol,
La moyenne frotte le dos
Des gros varlets quand ils sont sots.
Qui ne s'amende par le bas,
Ne gardant reigle ne compas,
D'un gros baston ou d'une gaule
On luy doit bien frotter l'espaule.
Par battre dos, s'il ne s'amende,
De hart au col le fauldra pendre.
Pourquoy Ramon est chose digne
De mieux servir qu'en la cuisine
Il a office à purger vices
Par la rigueur des trois justices,
En rendant l'homme ou bon ou mort,
Bon par vertu, mort s'il a tort.

Voici enfin la conclusion de ce petit volume in-4° de 80 pages :

Huictain au lecteur.

Si Ptolomée fut des Egyptiens
Tant cher tenu pour ses sciences belles,
C'est bien raison que révéré des siens
(Amy Lecteur) soit Charles de Bouelles.
Cosmographie et le cours des estoilles
Elégamment Ptolomée a descript :
Et Bouillus les sciences pareilles
En beau François rédige par escript.

CHAPITRE III

« Comment nostre esprit s'empesche soy-mesme. »

(MONTAIGNE, 1580).

ESSAIS DE MESSIRE MICHEL, seigneur de Montaigne (1), chevalier de l'ordre du Roy et gentil-homme ordinaire de sa Chambre (A Bourdeaus, MDLXXX, 2 vol. in-8°).

« C'est vne plaisante imagination de conceuoir vn esprit balancé iustement entre deux pareilles enuyes : car il est indubitable qu'il ne prendra iamais parti, d'autant que l'inclination et le chois porte inequalité de pris ; et qui nous logeroit entre la bouteille et le iambon, auec pareille enuie de boire et de menger, il n'y auroit sans doute remede que de mourir de soif et de fain. Pour pouruoir à cet inconuenient, les Stoiciens, quand on leur demande d'ou vient en nostre ame le chois de deux choses indifferentes, et qui faict que, d'vn grand nombre d'escus, nous en prenions plus tost l'vn que l'autre, estans tous pareilz et n'y ayans nulle raison qui nous pousse au chois, ils respondent que ce mouuement de l'ame est extraordinaire et déreglé, venant en nous d'une impulsion estrangiere, accidentale et fortuite. Il se pourroit dire, ce me semble, plustost, que nulle chose ne se presente à nous ou il

---

(1) Montaigne, 1533-1592.

n'y ait quelque difference, pour legiere qu'elle soit, et que, ou a la veüe, ou a l'atouchement, il y a tousiours quelque chois qui nous touche et attire, quoy que ce soit imperceptiblement. Pareillement, qui presupposera une fisselle egalement forte par tout, il est impossible de toute impossibilité qu'elle rompe : car, par ou voulez-vous que la faucée commence ? et, de rompre par tout ensemble, il n'est pas possible. Qui ioindroit encore a cecy les propositions geometriques, qui concluent par la certitude de leurs demonstrations le contenu plus grand que le contenant (1), le centre aussi grand que sa circonference, et qui trouuent deux lignes s'approchant sans cesse l'vne de l'autre et ne se pouuant iamais ioindre, et la pierre philosophale, et quadrature du cercle, ou la raison et l'effect sont si opposites, en tireroit a l'aduenture quelque argument pour secourir ce mot hardy de Pline : *solum certum nihil esse certi, et homine nihil miserius aut superbius;* il n'y a rien de certain que l'incertitude, et rien plus miserable et plus fier que l'homme. »

(1) Pascal dit que Montaigne est « crédule » et « ignorant », précisément à cause de ces assertions singulières. — Voyez la note placée à la page 439 de l'édition classique des *Pensées* par Havet. Il nous semble qu'il y aurait lieu, pour expliquer « le contenu plus grand que le contenant », de modifier ainsi l'hypothèse ingénieuse faite par M. Havet :

Soient deux branches A et A′ appartenant a deux hyperboles différentes, qui ont les mêmes asymptotes Ox, Oy, l'axe focal étant $OAA'B$. La branche A enveloppe entièrement la branche A′ sans la couper. Transportons la branche A′ parallèlement à elle-même dans la position C : à son tour elle renfermera entièrement la branche A. Ce qui était le contenu parait donc être devenu le contenant.

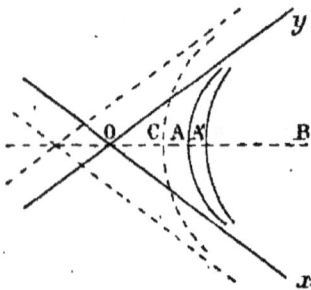

Fig. 6.

CHAPITRE IV

L'art de médecine. — L'art de géométrie.

(Fioravanti, de Bologne, 1586.)

Les Caprices de M. Leonard Fioravanti(1) Bolognois touchant la Médecine (Traduites d'Italien en François par M. Claude Rocard, Apothecaire de Troyes. Paris, 1586, in-8°).

Miroir universel des Arts et des Sciences de M. Leonard Fioravanti Bolognois (Mise en François par Gabriel Chappuys, Tourangeau. 1586, 2ᵉ édition, in-8° [1ʳᵉ de 1584]).

Sur toute autre science après ceste Escriture
Qui nous faict approcher de la gloire de Dieu,
La médecine doit avoir le premier lieu
Comme vray instrument de Dieu et de Nature.

Plusieurs Princes et Rois (avec grand soin et cure)
L'ont voulu exercer fuyant tout autre jeu ;
Mesmes comme il se voit dedans le texte Hebrieu,
Un Ange en a donné à aucuns ouverture.

Combien digne d'honneur est donc ce bon Autheur,
Et Rocard qui en est fidèle traducteur
Pour rendre familiers ces secrets à la France ?

---

(1) Le comte Fioravanti était un charlatan de génie. Le *Miroir* a paru à Venise en 1564, les *Caprices* à Venise en 1568. Ces deux ouvrages ont eu dans diverses langues de nombreuses éditions. Fioravanti est mort en 1588. Il y a encore chez les pharmaciens, de nos jours, des produits portant son nom.

Heureux celui qui peut practiquant cet escrit
Guarir les patiens, du corps, et de l'esprit,
Et préserver les sains de douleur et souffrance.

« DE L'ART DE MÉDECINE ET DE SES EFFETS (1) »

« La medecine est une façon de faire, avec laquelle
les medecins taschent et procurent de rendre la santé
aux malades, faisans decoctions, sirops, emplastres,
medecines, pillules, et employans les herbes chacune
selon son degré contre les maladies... Il y a naturellement trois choses qui guerissent de toutes sortes de
maladies advenans en nostre corps la premiere quand
on vuide le corps par le bas et par vomissement. La
seconde se fait quand on refraischit un corps, qui
auroit esté par trop eschauffé : et la troisiesme, quand
le corps refroidy est remis en la premiere et naturelle
chaleur. Ainsi par ces trois sortes d'operations on
pourra guerir toutes maladies interieures. L'evacuation de l'estomach par vomissement, pour estre faite
avec nostre electuaire angeliq : l'evacuation du corps
par le bas sera causee par nostre syrop resolutif; et
pour refreschir celuy qui est trop reschauffé, convient
y appliquer nostre huile de vitriol composé : et pour
reschauffer celuy qui seroit refroidy, on le peut faire
avec nostre Elixir de vie... Au reste c'est follie d'aller
se rompre la teste et alambiquer le cerveau apres les
œuvres d'Hippocrate, Galen, Oribasius, Paul Ægineta,
d'Ætius, d'Avicenna, Raymond Lulle, Arnauld de
Villeneufve, et autres autheurs tant anciens que modernes, lesquels ont escrit si diversement de la mede-

---

(1) « Il est dict dans l'Ecclesiastique : Honore le medecin, car le treshault
l'a creé pour la necessité. »

cine que c'est merveille les escrits desquels suffiroient
pour embroüiller, je ne diray pas un monde, mais plusieurs, s'il y en avoit plus d'un, veu la variété de leurs
opinions aussi grande qu'il y a de testes et noms
d'autheurs : et si nous les voulions lire toutes, outre ce
que nous n'en verrions la fin, nos esprits en demeureroient du tout incertains, et confus... »

« DE LA GEOMETRIE ET DE SES MESURES »

« Cet art de Geometrie a esté trouvé, pour mesurer
les lignes, triangles, ronds et formes quarrées, sans
laquelle l'architecture eust esté tres-falacieuse, la Mathematique du tout incertaine, et la Cosmographie nulle...
La Geometrie donc est un art de telle puissance et
vertu, que sans elle, on pourroit dire que le monde
seroit quasi imparfait. Et de notre temps elle est en
grand bruit, et bien entendue de plusieurs et en Italie
et en France, fort experimentez en telle profession. »

Ces deux ouvrages de Fioravanti renferment beaucoup de recettes, d'onguents et de drogues : on a vu
que l'auteur entendait assez bien la réclame. Il fait en
plusieurs endroits les rapprochements les plus imprévus... et les plus libres. Voici un passage qui se peut
encore citer :

« Je trouve qu'il y a quatre choses qui ne sont jamais
saoules : la première desquelles est l'Enfer, qui n'est
jamais saoul des âmes damnées ; l'autre est la nature
des femmes, qui ne sont jamais saoules de paillarder,
j'entens des vicieuses ; la troisiesme, la terre qui ne se
saoule jamais de recevoir en soy toutes choses ; la quatriesme, le feu, qui ne se saoule jamais de brusler. »

CHAPITRE V

Ruse de l'historien juif Josèphe. — Quadrature du cercle.

(Le P. Jean Leuréchon, 1624):

Disposer autant d'hommes, ou d'autre chose qu'on voudra, en telle sorte que rejettant toujours d'ordre le 6, 9, 10 ou le quantiesme qu'on voudra jusques à un certain nombre, restent seulement ceus qu'il vous plaira (1).

« On propose ordinairement le cas en cette façon : 15 Chrestiens et 15 Turcs se trouvent sur mer dans un mesme navire, et s'estant eslevé une terrible tourmente, le Pilote dit qu'il est nécessaire de jetter dans la mer la moitié des personnes qui sont en la nef, pour descharger le vaisseau et sauver le reste. Or cela ne se

---

(1) Le problème est traité dans un volume in-8° de *Récréations mathématiques* dû, semble-t-il, au P. Jean Léuréchon. L'ouvrage paraît avoir eu une très grande vogue : nous en avons eu entre les mains trois éditions, publiées deux à Rouen, une à Paris, 1629, 1630, 1659, et renfermant, outre le texte primitif, des notes de D. Henrion et Claude Mydorge. L'édition de 1659 est « sixième et dernière ». M. Laisant a eu l'obligeance en outre de nous communiquer des extraits d'un livre provenant de la bibliothèque de Lucas, publié sans nom d'auteur, Lyon, 1669, qui est encore évidemment le même ouvrage.

Hégésippe vivait à une époque incertaine, si même une erreur de copiste n'a pas fait écrire ainsi le nom de Josèphe lui-même, — Josèphe (37-100 ?) soutint contre Vespasien et Titus un siège de 47 jours dans la ville de Jotapata : il se sauva ensuite dans une grotte avec quelques soldats.

Comparer ce que disent de ce problème Ozanam et Bachet (1581-1638) :

peut faire que par sort, et partant on est d'accord, que
se rangeant tous par ordre et comptans de 9 en 9, on
jette chaque neufiesme dans la mer, jusques à ce que
de trainte qu'ils sont, il n'en demeure que 15. Mais le
Pilote estant Chrestien veut sauver les Chrestiens.
Comment est-ce donc qu'il les pourra disposer, à fin
que le sort tombe sur tous les Turcs, et que pas un
Chrétien ne se trouve en la 9. place. La solution ordinaire est comprise dans ce vers :

Populeam virgam mater Regina serebat (1),

ou bien en cet autre :

Mort tu ne failliras pas — en me livrant le trespas (2). »

· · « Car, prenant garde aux voyelles, et faisant valoir
A. 1 ; E, 2 ; I, 3 ; O, 4 ; U, 5, la première voyelle O montre
qu'il faut mettre au commencement 4 Chrestiens de
suite ; la 2. U, 5 Turcs en suyvant; la 3. E, 2 Chrestiens, et puis la 4. A, 1 Turc, et ainsi du reste, rangeant alternativement le nombre des Chrestiens et des
Turcs, selon que les voyelles font cognoistre. »

· « Voire, mais la question proposée de la sorte est trop
contrainte, veu qu'elle se peut estendre à toute sorte
de nombre et peut de beaucoup servir aux Capitaines,

---

les deux éditions des *Problèmes plaisants et délectables* sont de 1612 et 1624,
et la question que nous reproduisons y a été à peu près copiée par le
P. Leuréchon. (Ozanam, *Récr. math.*, t. I, p. 246, édition de 1725.)
· Le P. LEURÉCHON, jésuite, confesseur de Charles IV de Lorraine, vivait de
1591 ? à 1670. Son livre (d'après la *Biographie*) a eu une première édition à
Paris, 1624, une dernière à Lyon, 1680.
MYDORGE (1585-1647) était un ami de Descartes, pour lequel il dépensa
cent mille écus à fabriquer des verres de miroirs.

(1) C'est-à-dire : « La vénérable Mère des cieux tressait une branche de
peuplier ».

(2) Ozanam, qui donne cette même recette (il sépare seulement le vers en
deux autres), explique qu'on prend une voyelle dans chaque syllabe. Ainsi
dans *fail* on doit considérer seulement la voyelle *a*.

Magistrats et Maistres, qui ont plusieurs personnes à
punir et voudroient seulement chastier les plus discoles,
en dismant ou prenant le 20., le 100. comme nous lisons
avoir esté souvent pratiqué par les Anciens Romains.
Voulant donc appliquer cet artifice à toute sorte de
nombre, soit qu'il faille rejetter le 9, 10, 4 ou 3, soit que
l'on propose 30, 40, 50 personnes ou plus ou moins,
faudra ainsi procéder. Prenez autant d'unitez qu'il y
aura de personnes, et les disposez en ordre en vostre
particulier : comme par exemple soient 24 hommes pro-
posez, et que de ce nombre il n'en faille oster ou rejetter que 6 en contant de 8 en 8. Prenez 24 unitez ou écri-
vez 24 zero, et commençant à conter par la première de
ces unitez marquez la huictiesme, continuant de là à conter, marquez tousjours de mesme chasque huictiesme,
jusques à ce que vous en ayez marqué 6 : vous verrez en
quelle place il faudra disposer les 6 personnes que
vous désirez oster ou rejetter, et ainsi des autres. Il
est croyable que Joseph, autheur de l'Histoire Judaïque,
évita le danger de la mort par l'artifice de ce problème.
Car Hegesippe, autheur digne de foy, rapporte au
ch. 18 du liv. 5 de la destruction de Jerusalem que la
ville de Jotapata estant emportée de vive force par Vespasian, Joseph qui en estoit Gouverneur, suivy d'une
troupe de 40 Soldats se cacha en une grotte dans
laquelle, comme ils mouroient de faim et cependant
aymoient mieux mourir que de tomber entre les mains
de Vespasian, ils se fussent résolus à une sanglante et
mutuelle boucherie, n'eust esté que Joseph leur persuada de tirer par sort, afin qu'on tuast d'ordre selon que
le sort tomberoit sur chacun. Or, puisque nous voyons
que Joseph a survescu à cet acte, il est probable qu'il se
servit de cette industrie à disposer les Soldats, faisant
que de 40 personnes qu'ils estoient chaque troisième

seroit tué, et luy se mettant en la 19. ou la 30. place, il pouvoit enfin demeurer sauf, avec un second auquel il osta la vie, on persuada aysement de se rendre aux Romains. »

D.H.P.E.M.(¹).

« Il semble que ce problème, qui est le 23. du docte Bachet, n'ait pas esté bien entendu par l'autheur de ce livre. Car, puisque Joseph se sauva (comme il dit), suivy de 40 soldats, il y avoit 41 personnes, tellement que tuant toujours le troisiesme, il faut nécessairement que Joseph se fust mis en la 16. ou 31. place. Et supposé qu'il n'y eust eu que 40 personnes, comme veut nostredit autheur, il eust fallu que Joseph et son second eussent esté ès 13. et 28. place, et non pas ès 16. et 30. comme pourront aisement recognoistre ceus qui voudront prendre la peine de ranger d'ordre 40 zéro, et trancher tousjours le 3. jusqu'à ce qu'il n'en demeure que deux ».

Le P. Leuréchon est peu intéressant parce qu'une bonne partie de ses inventions sont copiées de côté et d'autre. « C'est plaisir, dit-il, de voir les jeux et esbatements que nous fournit la science des nombres. » Il décrit, avec d'autres machines, un système de poulie mobile légère, dont le cordon serait mince et en soie : « ce secret est excellent en guerre et en amour, et ne se peut pas facilement soubçonner pour estre fort por tatif ».

L'un de ses commentateurs donne une quadrature du

---

(1) *Denis Henrion, professeur en mathématiques*, qui a publié lui-même plusieurs ouvrages : Usage du compas de proportion (plusieurs éditions, quatrième de 1631). — Usage du mécomètre (1630). — Il était Français, ingénieur distingué du prince d'Orange ; il est mort vers 1640.

cercle, qui est basée sur le théorème suivant : si dans un triangle rectangle l'hypoténuse vaut $\frac{156}{43}$ R et qu'un des angles soit de 30°, le grand côté de l'angle droit est égal à πR. Un autre commentateur démontre dans le même livre la fausseté de cette proposition, qui paraît due à Longomontanus (1) et il s'exprime ainsi : « n'en déplaise à ce nouveau cyclomètre, ny à son prétendu traicté des Curvilignes, c'est avoir le jugement curviligne que d'admettre telles absurdités. Si cette faulse monnoye prend cours en Danemarck, la France, ou du moins Paris, ne la élèvera jamais, ou bien elle n'y aura cours que parmy les ignorans ». Cette quadrature donne pour π une valeur comprise entre 3,1418 et 3,1419.

---

(1) Le Danois Longomontanus vivait de 1562 à 1647. Son ouvrage, paru à Amsterdam en 1644, est intitulé : « Christiani Severini Longomontani, Cimbri, Rotundi in plano, seu circuli absoluta mensura. »

CHAPITRE VI

Aires de certains segments du cercle.

(L'éditeur FROBENIUS, de Hambourg, 1627.)

CYCLOMETRIA..... ex Bibliopolio Frobeniano, Hamburgi, 1627.
(Cet ouvrage est l'œuvre de Georgius Ludovicus Frobenius lui-même, à la fois ainsi éditeur et auteur.)

Frobenius remarque que si on prend un cercle de surface 104, l'aire du triangle équilatéral y inscrit est sensiblement 43. Cela revient (1), remarque-t-il, à supposer

$$\pi = \sqrt{\frac{18\,252}{1\,849}} = 3,1418596044$$

(nombres donnés par l'auteur).

Il est remarquable que dans cette hypothèse certains segments du cercle soient représentés, en surface, par des nombres simples, ainsi que le résume la figure. Cette figure est accompagnée dans l'original, par ce distique :

> *En variis intrò distinctis arte figuris :*
> *Auctoris vindex nominis esse volo.*

---

(1) Question proposée dans le *Journal de mathématiques élémentaires*, numéro du 1er février 1898 ; résolue dans celui du 1er avril.

Ce qui signifie, je pense :

Par les figures variées qui sont dessinées avec art dans mon intérieur, je veux (moi le cercle) être le garant de la renommée de l'auteur.

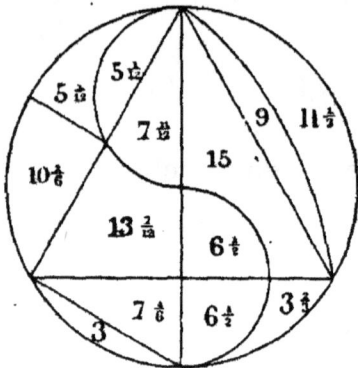

Fig. 7.

Disons à ce propos qu'une grande partie des prétendues quadratures du cercle étaient basées sur des approximations grossières, tandis qu'ici Froben se rend parfaitement compte qu'il commet une erreur, et serre de près la méthode rigoureuse d'Archimède. Un certain Nicole (non l'ami d'Arnaud, mais un mathématicien disciple de Montmort) eut la patience, en 1747, de calculer les périmètres des polygones inscrits et circonscrits au cercle, en partant du triangle et en s'élevant aux polygones de $3 \times 2^{17} = 393216$ côtés. Il suffisait alors, pour reconnaitre la fausseté d'une quadrature, de constater que le nombre fourni par elle pour la circonférence du cercle était inférieur à un périmètre inscrit ou supérieur à un périmètre circonscrit. Ce Nicole vivait de 1683 à 1758.

On sait que Snellius (1591-1626) avait fait le même calcul (en 1621) jusqu'au polygone de $5 \times 2^{20} = 5242880$ côtés, en partant du polygone de 80 côtés. On pourrait multiplier ces exemples.

CHAPITRE VII

Réfutation de la quadrature du cercle donnée par Simon a quercu en 1584. — Avantages qu'il y aurait à enseigner les mathématiques en français et à supprimer le latin dans les collèges.

(JACQUES ALEXIS LE TENNEUR, 1640).

———

TRAITÉ DES QUANTITEZ INCOMENSURABLES,....... avec un Discours de la manière d'expliquer les sciences en François, dédié à Messieurs de l'Académie françoise (In-4°).

« L'on rencontre souvent des nombres irrationaus dans les calculs ordinaires... Où leur usage est le plus admirable, c'est particulièrement en l'examen des quadratures de cercle, des duplications de cube, et d'autres problèmes dont on n'a pas encores trouvé la solution géométrique, parce que les démonstrations en estant quelquefois captieuses, la vraye pierre de touche pour en découvrir la fausseté sera l'aplication des nombres irrationaus, lesquels estant précis et exacts ne peuvent estre refusez pour cet examen, au lieu que les nombres des Tables peuvent estre rejetez estant presque tous faus. »

La quadrature de Simon du Chesne (1) réside dans

———

(1) Ou Simon Van Eyk. Il fut comme calviniste obligé de quitter Dôle et devint professeur à Delft : son livre est de 1584 et dédié au prince d'Orange.

le théorème suivant : Si de l'extrémité D du diamètre BD d'un cercle, on tire une tangente DF et que de l'autre extrémité B on tire une ligne droite BCG qui coupe le cercle et la tangente, en sorte que la partie DG coupée de la tangente soit égale à BC, cette partie inscrite BC sera égale à la quatrième partie de la circonférence du cercle.

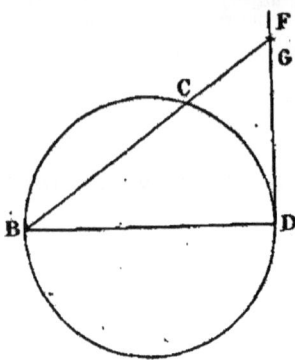

Fig. 8.

Supposons le rayon du cercle égal à 1, on trouve assez facilement que

$$\overline{BC}^2 = 2\,(\sqrt{5} - 1).$$

Si la proposition était exacte, on aurait donc

$$\pi^2 = 8\,(\sqrt{5} - 1).$$

Or on sait d'après Archimède que

$$\pi < \frac{22}{7} = 3,142\ldots$$

Il est donc nécessaire, remarque Le Tenneur, d'établir que

$$8\,(\sqrt{5} - 1) < \left(\frac{22}{7}\right)^2$$

ce qui revient à

$$48.020 < (219)^2.$$

Cette inégalité est fausse, donc la quadrature l'est aussi.

Voici maintenant quelques passages du Discours :

« Messieurs, je ne pense pas être désavoüé de ceux qui chérissent les sciences, si je dis qu'il seroit à désirer pour leur accroissement qu'elles fussent ensegnées en langue vulgaire et que toute autre langue fut banie des Écoles publiques : puisque chacun estant par ce moyen naturelement capable de les aprendre, il y auroit un plus grand nombre de persones qui s'y adoneroient et qui les enrichiroient de leurs inventions. Mais pour avoir creu que notre langue Françoise n'estoit pas propre pour des choses si relevées, à cause de la disete des termes nécessaires, nous avons presque toujours négligé de les expliquer en François, et l'on n'a jamais parlé que Latin dans nos Écoles. Il semble néanmoins qu'il n'y ait pas grande raison de luy reprocher ce défaut, puisqu'il est comun à toutes les langues dans leurs comencemens et qu'elles ont besoin d'estre cultivées avec beaucoup de soin et de travail pour ariver à cette abondance qui se remarque en quelques unes... »

« ... Le mépris de la langue Françoise est telement entré dans les esprits des doctes qu'il y aura sans doute beaucoup de pene à l'en tirer. Et je m'assure que les uns seront assez opiniâtres pour ne changer jamais d'avis, et que d'autres, quoique persuadez, ne se voudront pas pourtant servir de notre langue dans les sciences. J'avoüe que j'ay esté autrefois emporté par le torrent de l'opinion comune, ne jugeant pas aucune des langues vulgaires capable d'autre chose que des afaires humaines, renfermant toutes leurs plus hautes prétentions dans la guerre et le gouvernement de l'Estat ; et croyant mesme qu'il répugnoit en quelque façon à la majesté de la science de parler le mesme idiome dont nous nous servons dans la bassesse du ménage, comme si la langue Greque n'avoit pas esté employée en mesme tems aux disputes de l'Académie par les Filosofes, et aus afaires par les femmes. Aussi ay-je bientôt esté désabusé de cette erreur, ayant quité avec les études et le Colége cette opinion avantageuse que j'avois eüe pour la langue Latine. J'ay reconu que la science n'affectoit aucun langage, et qu'il n'estoit pas nécessaire d'estre Grec ny Latin pour estre savant. Et certes puisque tous les homes quels qu'ils soient sont capables d'exprimer ce qu'ils ont une fois conceu, et que la nature fait parler les uns d'une façon et les autres d'une autre, pourquoy ne le pouront ils pas faire, je dis mesmes avec plus de facilité en celle qu'elle leur a aprise, que par le secours d'une étrangère ? Qu'on ne m'alègue point qu'à faute de termes usitez, les meilleurs esprits ne se pourront jamais expliquer comme il faut, c'est un abus et une fausse imagination : nẽ pouvoir ensegner quelque chose est un témoignage très certain d'ignorance ou d'une confusion d'esprit qui ne peut subsister avec une parfaite intelligence. La vraye marque du savoir est de pouvoir expliquer ce que l'on fait, et qui n'en sera pas capable ne me persuadera jamais qu'il soit autre qu'un ignorant ou un hébété, puisqu'il sera toujours possible de faire part aux autres du mesme raisonement dont on se sera servy pour soy mesmes. Tous termes Grecs et Latins peuvent estre traduis en quelque langue que ce soit : et s'il faut quelquefois user de plusieurs paroles au lieu d'une seule, cela conclut seulement que la chose est dificile et non pas qu'elle soit impossible... »

Le Tenneur fait remarquer aussi que le peu d'ouvrages de sciences écrits en français sont conçus dans un style rude et même incorrect; leurs auteurs semblent vraiment n'avoir jamais su leur langue :

« On dira que les uns et les autres ont eu plus d'égard aus choses qu'aus paroles, et qu'il n'est pas nécessaire dé s'atacher à ces dernières dans les matières de science. Mais encores qu'il ne soit pas besoin d'estre fort éloquent en enseignant quelque doctrine, il faut néanmoins avoüer qu'on ne doit pas estre barbare. »

« Il est certain que le stile de la science est bien diférent de celuy du bareau et de la chaire. Autant que les ornemens de Rétorique ont bone grace en cetuy ci, autant seroient ils ridicules en celuy là. La science est semblable au somet d'un haut édifice, où les statues que l'on expose doivent avoir les trais rudes et grossiers, pourveu toutefois que les justes proportions y soient gardées. Come le raisonement s'y exerce presque toujours, on ne peut éviter une fréquente répétition des termes qui y servent, tels que sont ceux cy : partant, or, mais, parce que, donc, et autres semblables, qui y estant nécessaires, ne doivent pas y estre tenus pour désagréables ny pour ennuyeus. Le discours en doit estre simple, concis et expressif, sans une trop curieuse recherche de la douceur des mots, ny de la cadence des périodes ; et néanmoins il ne s'y faut pas servir de mauvais termes, ny de façons de parler trop basses et populaires, ou qui ne soient pas en usage. Ce genre d'écrire consiste en un certain milieu entre l'éloquent et le grossier, que peu de persones savent conoitre ; et c'est à quoy la plus grande partie de nos écrivains n'a pas pris garde, se contentant d'exprimer leurs pensées sans aucun chois de paroles, come si la science estoit incompatible avec la bonté du langage. Que si quelques uns ont eu un stile raisonable, ils n'ont pas songé à l'invention des termes des sciences, et s'imaginant que notre langue n'en estoit pas capable, se sont tenus aus Grecs et aus Latins, qui causent bien souvent une grande rudesse dans le discours : de sorte qu'il seroit nécessaire que des persones doctes, et qui eussent l'oreille plus delicate, voulussent travailler de nouveau sur toutes les sciences en François, et s'eforcer de nous doner quelque chose de mieux... »

« ... L'Académie d'Atènes estoit ouverte à tous ceus du pays ; chacun y pouvoit estre admis, et entendoit naturelement ce que l'on y disoit, au lieu qu'il nous faut employer beaucoup de tems à aquérir seulement le moyen d'en estre capables, qui est la langue Latine si longue et si ennuyeuse que si on manque de l'aprendre de bonne heure on ne se peut presque jamais résoudre à la peine qu'elle done ; et notre jeunesse dégoûtée de ce travail, lors qu'elle comence à la savoir raisonablement, fait bien souvent la fin de ses études de ce qui n'en devroit estre que le comencement et le moyen. Chose à la vérité digne de compassion, puisque c'est ressembler à des voyageurs qui, lassez de la longueur du chemin, ne daigneroient, après avoir achevé leur voyage, entrer dans le lieu où ils avoient eu dessein d'arriver. Cela ne seroit pas si les sciences estoient enseignées en François, puisqu'il ne seroit pas nécessaire de passer des cinq et sis années à aprendre du Latin, lesquelles seroient employées bien plus utilement et plus agréablement à ces belles sciences, dont un ancien Filosofe a montré que l'homme estoit capable dez le premier usage de sa raison, ce qui formeroit bien mieus le jugement que l'acquisition d'une langue, et rendroit un esprit bien plus propre pour toutes les autres connoissances ; outre qu'on s'exenteroit par ce moyen de cette fâcheuse vie de Collège, à quoy les jeunes gens ont pour l'ordinaire tant de répugnance à se soumetre. »

« On dira peut estre qu'il n'est pas à propos que les sciences soient rendües si comunes, et que s'il estoit permis à chacun d'estre savant, beaucoup d'esprits légers pouroient abuser de la science et se porter bien souvent à des opinions erronées et contraires à leur religion, ainsi qu'il est arrivé aux Arabes, dont les Princes ont esté pour cete raison obligez de défendre les écoles publiques. Mais outre que je ne voy pas qu'un home ait le jugement meilleur ny l'esprit plus solide pour savoir du Latin ou du Grec, il ne faut pas croire qu'encores que les sciences fussent ensegnées en langue vulgaire chacun fut pour cela capable d'en comprendre les matières, pour le moins de soy mesmes, encores qu'il en entendit les paroles. D'ailleurs les sciences estoient ensegnées en Grèce en langue vulgaire, et néanmoins il ne se trouvera point qu'elles ayent causé aucun domage aux Grecs, ny que pour avoir pû estre aprises par toutes les persones populaires chacun ait esté savant parmy eus ; mais seulement qu'ils ont eu plus grand nombre d'habiles gens qu'aucune autre nation, et qu'ils estoient les plus subtils et les mieus policez de leur tems. Que si les Arabes s'en sont mal trouvés, et que leurs Princes ayent esté contrains d'abolir leurs Académies, sur ce que les doctes d'entre eus ne faisoient pas grand état de leur créance, cela n'est pas à craindre parmy des Crétiens dont la foy, bien que répugnante au sens comun et au raisonement humain en beaucoup de choses, n'a rien néanmoins que d'auguste et de divin et ne peut causer que de l'admiration d'elle mesme ; au lieu que la religion de l'Alcoran estant toute materiele, toute brutale, et remplie d'une infinité de sotises, ne pouvoit manquer d'estre méprisée par les savans, qui cherchoient quelque chose de plus spirituel et de plus détaché des sens que ce qui leur estoit pro-posé par leur législateur. »

L'auteur, qui dans le cours de cette Lettre a examiné

comment il convient de forger des expressions scientifiques ou de modifier celles existant déjà, explique
ensuite qu'il a joint l'exemple au précepte. Il a traduit
en effet une matière difficile, son Traité des Incomensurables étant une version du X° livre d'Euclide « apelé
par quelques uns l'horreur des Matématiciens et la crois
des bons esprits ».

Il fait à propos des corrections d'épreuves cette
remarque judicieuse « que les auteurs sont ordinairement ceus qui aperçoivent le moins les fautes d'impression de leurs ouvrages, et qu'il leur est facile de passer
par dessus sans y prendre garde, ne pouvant lire avec
tant d'atention que les autres ce qu'ils savent trop,
l'ayant composé ».

CHAPITRE VIII

« Où il est prouvé par exemple que si l'enfant n'a pas
l'esprit et la disposition que demande la science qu'il
veut apprendre, c'est en vain qu'il escoute de bons
Maistres, qu'il a beaucoup de livres et qu'il travaille
toute sa vie. »

(JEAN HUARTE, médecin espagnol, 1645).

L'EXAMEN DES ESPRITS POUR LES SCIENCES, composé par Jean
Huarte (1), médecin espagnol. Nouvellement traduit suivant
l'ancien original, et augmenté de la dernière impression d'Es-
pagne, 1645, 2 vol. in-8°. (La traduction est de Vion Dalibray;
autre traduction en 1601, par Gabriel Chappuis).

C'est un singulier assemblage des pensées de Platon,
Aristote, Hippocrate (2), Galien (3), et des Ecritures.
L'auteur déploie beaucoup d'art pour montrer en chaque
point la bonté de la doctrine catholique Son œuvre est
dédiée à Philippe II, et la traduction à Louis XIV, âgé
de sept ans à cette époque.

« On pourroit dire de vous, Sire, en tout sens, ce
que la Sainte Ecriture a dit d'un Roy, pour recommander seulement les premières années de son règne,

---

(1) Le médecin Jean Huarte est né vers 1530 ou 1535, à Saint-Jean-Pied-de-
Port. La première édition de son ouvrage est de 1593, la dernière en espagnol de 1846 : ce livre a été traduit dans presque toutes les langues de
l'Europe; il a encore fait en 1855 le sujet d'une étude.

(2) Hippocrate, mort très âgé, était né en 468 avant J.-C.

(3) Galien vivait de 131 à 200 ou 210.

qu'il n'estoit qu'un enfant d'un an quand il commença
de régner ; car à peine sçaviez vous marcher que vous
aviez la teste chargée d'une couronne : grand avantage
pour se rendre expert en l'art de régner, et particulièrement lors qu'un prince se met à philosopher de bonne
heure. La gloire de Dieu, c'est de tenir ses œuvres
inconnuës, et la gloire d'un Monarque, de les examiner ; comme si la Sagesse Eternelle qui se joüa autrefois sur le rond de la Terre en la création du monde, se
joüoit encore avec les Roys à ce jeu innocent de vostre
aage où l'on se cache pour se faire chercher. »

Voici d'après ce médecin la classification des
sciences :

« Il est temps de connoistre par art à quelle différence d'esprit respond en particulier chaque sorte de
science, afin que chacun sçache distinctement, après
avoir desja découvert quelle est sa nature et son tempérament, à quel art il est plus disposé. Les arts et les
sciences qui s'acquièrent par le moyen de la mémoire
sont celles qui suyvent : la Grammaire Latine, ou de
quelque autre langue que ce soit, la Théorie de la Jurisprudence, la Théologie positive, la Cosmographie et
l'Arithmétique. »

« Celles qui appartiennent à l'entendement sont la
Théologie scholastique, la Théorie de médecine, la Dialectique, la Philosophie naturelle et morale, la pratique
de la Jurisprudence qui est la science de l'Advocat. »

« De la bonne imagination naissent tous les arts et
sciences qui consistent en figure, correspondance,
harmonie et proportion comme sont la Poësie, l'Eloquence, la Musique et la science de Prescher, la pratique de la Médecine, les Mathématiques, l'Astronomie,
l'art Militaire, et celuy de gouverner une République ;

peindre, tracer, escrire, lire, estre agréable, poly, dire de bons mots et de bonnes rencontres; se montrer subtil dans les choses qui consistent aux actions et intrigues de la vie; avoir un certain esprit propre aux Machines et à tout ce que font les artisans; comme aussi une certaine adresse que le peuple admire, qui est de dicter à quatre personnes en mesme temps des matières diverses et qui soient toutes bien rangées et dans un bel ordre. »

Voici quelque chose de plus sensé :

« Le devoir des Maistres envers leurs Escoliers n'est autre que de leur ouvrir aucunement le chemin à la doctrine, car s'ils ont un esprit fécond et fertile, cette ouverture suffit à leur faire produire de merveilleuses pensées; et s'ils ne l'ont pas, ils ne font que se tourmenter, et ceux qui les enseignent ne parviendront jamais au but qu'ils prétendent. Au moins sçay-je bien que si j'estois maistre, devant que d'en recevoir aucun en mon escole, je l'éprouverois et l'examinerois de toutes façons, afin de découvrir son esprit, et si je le trouvois propre à la science de laquelle je ferois profession, je le recevrois de bon cœur, car c'est un grand contentement à celuy qui enseigne d'instruire une personne propre à l'instruction. Autrement je luy conseillerois de s'addonner à la science qui seroit la plus convenable à son esprit, mais si je connoissois qu'il ne fust propre à aucune force de discipline, je luy tiendrois ces douces et amiables paroles : Mon fils, il n'y a point d'apparence que vous deveniez homme par la voye que vous avez choisie, c'est pourquoy je vous conjure de ne point perdre vostre temps ny vostre peine, et de chercher une autre façon de vivre qui ne demande point une si grande suffisance que font les lettres. L'expérience s'accorde avec cecy, car nous voyons entrer au cours de quelque science que çe soit un grand nombre d'escoliers, le Maistre estant ou bon ou mauvais, et à la fin les uns en sortir fort sçavans, les autres de médiocre érudition, les autres n'avoir fait autre chose que perdre le temps, consommer leur bien et se rompre la teste sans faire aucun profit. Je ne sçay d'où peut provenir cecy, veu que tous ont oüy un mesme Maistre, avec mesme soin et diligence, ceux qui sont d'un esprit lourd ayant peut-estre plus travaillé que ceux qui sont les plus habiles. La difficulté devient encore plus grande, quand on considère que ceux qui sont grossiers en une science sont propres et nais à une autre, et que ceux qui sont de bon esprit en un genre de lettres, estant passez à d'autres, n'y comprennent rien. »

On trouvera dans cet ouvrage un chapitre de plus de deux cents pages sur ce sujet :

« Où se rapporte de quelles diligences doivent user les Peres pour engendrer des enfants sages, et pour-veus de l'esprit que demandent les sciences — quelles diligences il faut apporter pour engendrer des garçons et non des filles, etc. »

Un des traducteurs de Huarte dit « qu'il a remis en usage cette première liberté qu'on avait de philosopher et de dire son sentiment sur toute choses, sans appré-hender les inquisiteurs ny les mouchards ».

D'autre part, Bayle déclare « qu'il n'est point excu-sable d'avoir donné comme une pièce authentique une prétendue lettre du proconsul Lentulus au sénat romain de Jérusalem, dans laquelle se trouve le portrait de Jésus-Christ, la description de sa taille, la couleur de ses cheveux, etc. »

CHAPITRE IX

L'esprit de géométrie et l'esprit de finesse.

(Pascal).

Œuvres de Blaise Pascal (1) (Paris, Lefèvre, 5 vol. in-8°, 1819).

« A mesure qu'on a plus d'esprit, on trouve qu'il y a plus d'hommes originaux. Les gens du commun ne trouvent pas de différence entre les hommes. »

« On peut avoir le sens droit et ne pas aller également à toutes choses ; car il y en a qui, l'ayant droit dans un certain ordre de choses, s'éblouissent dans les autres. Les uns tirent bien les conséquences du peu de principes, les autres tirent bien les conséquences des choses où il y a beaucoup de principes. Par exemple, les uns comprennent bien les effets de l'eau, en quoi il y a peu de principes ; mais dont les conséquences sont si fines, qu'il n'y a qu'une grande pénétration qui puisse y aller ; et ceux-là ne seroient peut-être pas grands géomètres ; parce que la géométrie comprend un grand nombre de principes, et qu'une nature d'es-

---

(1) On trouvera dans les éditions classiques les fragments intitulés d'ordinaire « de l'esprit géométrique » et « de l'art de persuader », et en particulier cette phrase : « la méthode de ne point errer est recherchée de tout le monde ; les logiciens font profession d'y conduire, les géomètres seuls y arrivent, et hors de leur science et de ce qui l'imite, il n'y a point de véritables démonstrations ».

prit peut être telle, qu'elle puisse bien pénétrer peu de principes jusqu'au fond, et qu'elle ne puisse pénétrer les choses où il y a beaucoup de principes. »

« Il y a donc deux sortes d'esprit : l'un de pénétrer vivement et profondément les conséquences des principes, et c'est là l'esprit de justesse ; l'autre, de comprendre un grand nombre de principes sans les confondre, et c'est là l'esprit de géométrie. L'un est force et droiture d'esprit, l'autre est étendue d'esprit. Or l'un peut être sans l'autre, l'esprit pouvant être fort et étroit, et pouvant être aussi étendu et foible. »

« Il y a beaucoup de différence entre l'esprit de géométrie et l'esprit de finesse. En l'un, les principes sont palpables, mais éloignés de l'usage commun ; de sorte qu'on a peine à tourner la tête de ce côté-là, manque d'habitude : mais pour peu qu'on s'y tourne, on voit les principes à plein ; et il faudroit avoir tout-à-fait l'esprit faux pour mal raisonner sur des principes si gros, qu'il est presque impossible qu'ils échappent. »

« Mais dans l'esprit de finesse, les principes sont dans l'usage commun et devant les yeux de tout le monde. On n'a que faire de tourner la tête, ni de se faire violence. Il n'est question que d'avoir bonne vue ; mais il faut l'avoir bonne, car les principes en sont si déliés et en si grand nombre, qu'il est presque impossible qu'il n'en échappe. Or, l'omission d'un principe mène à l'erreur : ainsi il faut avoir la vue bien nette pour voir tous les principes, et ensuite l'esprit juste pour ne pas raisonner faussement sur des principes connus. »

« Tous les géomètres seroient donc fins s'ils avoient la vue bonne ; car ils ne raisonnent pas faux sur les principes qu'ils connoissent ; et les esprits fins seroient géomètres, s'ils pouvoient plier leur vue vers les principes inaccoutumés de géométrie. »

.. « Ce qui fait donc que certains esprits fins ne sont pas géomètres, c'est qu'ils ne peuvent du tout se tourner vers les principes de géométrie : mais ce qui fait que des géomètres ne sont pas fins, c'est qu'ils ne voient pas ce qui est devant eux, et qu'étant accoutumés aux principes nets et grossiers de géométrie, et à ne raisonner qu'après avoir bien vu et manié leurs principes, ils se perdent dans les choses de finesse, où les principes ne se laissent pas ainsi manier. On les voit à peine : on les sent plutôt qu'on ne les voit : on a des peines infinies à les faire sentir à ceux qui ne les sentent pas d'eux-mêmes : ce sont choses tellement délicates et si nombreuses, qu'il faut un sens bien délié et bien net pour les sentir, et sans pouvoir le plus souvent les démontrer par ordre comme en géométrie, parce qu'on n'en possède pas ainsi les principes, et que ce seroit une chose infinie de l'entreprendre. Il faut tout d'un coup voir la chose d'un seul regard, et non par progrès de raisonnement, au moins jusqu'à un certain degré. Et ainsi il est rare que les géomètres soient fins, et que les esprits fins soient géomètres, à cause que les géomètres veulent traiter géométriquement les choses fines, et se rendent ridicules, voulant commencer par les définitions, et ensuite par les principes ; ce qui n'est pas la manière d'agir en cette sorte de raisonnement. Ce n'est pas que l'esprit ne le fasse ; mais il le fait tacitement, naturellement, sans art ; car l'expression en passe tous les hommes, et le sentiment n'en appartient qu'à peu. »

« Et les esprits fins, au contraire, ayant accoutumé de juger d'une seule vue, sont si étonnés quand on leur présente des propositions où ils ne comprennent rien, et où, pour entrer, il faut passer par des définitions et des principes stériles, et qu'ils n'ont pas accoutumé de voir ainsi en détail, qu'ils s'en rebutent et s'en dégoûtent, Mais les esprits faux ne sont jamais ni fins ni géomètres. »

« Les géomètres, qui ne sont que géomètres, ont donc l'esprit droit, mais pourvu qu'on leur explique bien toutes choses par définitions et par principes : autrement ils sont faux et insupportables; car ils ne sont droits que sur les principes bien éclaircis. Et les esprits fins, qui ne sont que fins, ne peuvent avoir la patience de descendre jusqu'aux premiers principes des choses spéculatives et d'imagination, qu'ils n'ont jamais vues dans le monde et dans l'usage. »

CHAPITRE X

Modeste épitre au lecteur. — Merveilles
des mathématiques.

(René François, prédicateur du Roy, 1657).

« EPISTRE NECESSAIRE AU LECTEUR JUDICIEUX »

« Tant et tant mes amis me pressent de donner au public ce que j'avois cueilly pour moy seul, que je ne puis plus m'en desdire sans meurtrir leur amitié. Je vous donne un premier Essay, et fait comme les Joyailliers, qui monstrent une petite boiste de Pierreries pour esveiller l'appétit, et affriander les personnes à en rechercher encore de plus belles, et adonc ils descouvrent toutes les raretez les plus rares. Si vous agréez ce petit travail, et le prenez de la bonne main, je vous promets de vous y adjouster tout le reste : c'est pourquoy je m'addresse à vous qui estes Judicieux, et avez la teste bien faite, car je ne veux avoir rien à démesler avec un tas de petits esprits fretillans, qui ne sçavent ce qu'ils veulent : ils trouvent à redire à tout, ne font rien qui vaille, et ne lisent les livres que comme les Cantarides, qui ne se posent sur les Roses que pour les empoisonner. C'est faveur de ne leur agréer, et c'est quasi un péché mortel de leur plaire. Esprits Antipodes et renversez, voire esprits Antropophages, qui ne vivent que de chair humaine, et qui font comme

ces poissons de mer qui vont tousjours contre le fil
d'eau douce, et tousjours à rebours des autres. Ils diront
que je ne dis pas tout : aussi n'est-ce pas mon dessein,
et ce seroit chose inutile. Pour instruire un homme
qui doit bien parler, c'est assez qu'il sçache les choses
principales, et les plus nobles ; les choses plus menues
et roturières demeurent en la boutique...... »

« Je vous prie d'une grâce, c'est que vous pardonniez
les fautes survenues à l'impression : je n'estois pas sur
le lieu pour examiner les espreuves ; le compositeur a
quelquefois lasché un mot pour un autre, l'ordre n'y
est pas tel que vous désiriez bien, et moy aussi. L'indice suppléera à l'un et vostre bonté à l'autre. Au reste,
il n'y a pas tant de fautes, ny si grosses, qu'elles soient
plus que péchez veniels. Quand ils seroient mortels,
vostre bien-veillance les rendra véniels et pardonna-
bles. Je vous en prie, et me faite l'honneur de me tenir
pour vostre serviteur. »

J.

*Essay des Mervcilles de Nature et des plus nobles artifices. Pièce
très nécessaire à tous ceux qui font profession d'Eloquence.* Par
RENÉ FRANÇOIS (1), Prédicateur du Roy. Douziesme edition,
Paris, 1657, in-8°. (Première édition de 1621.)

Voici deux passages de cette œuvre singulière :

« Combien pensez-vous qu'il y ait d'affineurs qui tient
au Sermon, quand ils oyent dire aux jeunes Prédica-
teurs, que le sang de bouc mollit le Diamant, et que le
marteau et l'enclume se casseront plustost, que jamais
esbrécher la dureté opiniastre du mesme Diamans. »

..... « Sur les bras tremblans d'une Palme, il (le Phœ-

---

(1) Le P. Binet (bis natus, René) vivait de 1569 à 1639 : ce jésuite a été
malmené par Pascal ; son livre avait eu une vingtaine d'éditions.

nix) fait un amas de brins de Cannelle et d'Encens, sur
l'Encens de la Casse, sur la Casse du Nard, puis avec
une piteuse œillade, se recommendant au Soleil, son
meurtrier et son père, se perche ou se couche sur ce
bucher de Baume pour se despouïller de ses fascheu-
ses années. Le Soleil favorisant les justes désirs de cet
Oyseau, allume le bucher, et réduisant tout en cendre,
avec un souffle musqué luy fait rendre la vie..... O
grand miracle de la divine Providence, quasi en mesme
temps ceste cendre froide...., je ne sçay comment
eschauffée par la fécondité des raiz dorez du Soleil, se
change en un petit ver, puis en un œuf, enfin en un
oyseau, dix fois plus beau que l'autre (1). »

Un auteur aussi fleuri et disert disait avoir des
mathématiques une haute idée : hélas il n'y comprenait
rien :

« MERVEILLES DES MATHÉMATIQUES. — L'Esprit de
l'homme trenche du petit Dieu, et se mesle de faire
des mondes de cristal, et contrefait les miracles de
l'Univers..... Les Mathematiciens forcent les natures,
et changent les Elémens, et nous font voir ce qu'on ne
peut voir ny croire quand mesme on le void du bout
des doigts. Ils vous font jaillir des eaux qui se lancent
et dardent, et quasi contrefondroient l'air, et puis se
précipitent à bas pour faire ce qu'on leur commandera ;
ils contre-balancent le vol du feu, et bon gré mal-gré

---

(1) Il est peut-être intéressant de comparer à ce que disent la princesse de
la Guiche et Pontier (*Dioscore* de La Bruyère), dans les « Questions » parues
en 1687.
« Croyez-vous qu'il y ait un phœnix? — C'est une chose douteuse ou mi-
raculeuse... Ce n'est point un insecte, et n'est point venu de pourriture, et
comment pourroit-il renaître de ses cendres? Car si cela avoit lieu, ce seroit
rendre la cendre féconde, qui est opposée à la génération des animaux. »

le font aller à la cadence de leur contre poids et ressorts qui maistrisent le feu, qui ne peut eschaper sans congé ; ils animent des Orgues, et les font joüer, chanter, et parler tout langage et des chansons inouyes et non apprises, et font que des souffles inconnus enflent les tuyaux et fredonnent là dedans avec estonnement des Orgues mesmes qui, estant en Italie, chantent à la Françoise, criaillent à l'Allemande, esclattent à l'Angloise font toutes les mignardises de l'Italie..... Et que peut-on dire de grand de cette divine science, qui sçait contrefaire les voûtes azurées du Ciel, et les allumer de mille et mille Estoilles..... »

L'exemplaire que j'ai vu de ce livre avait appartenu à un couvent de Nantes ou des environs. Il ne paraissait pas avoir été ouvert depuis la Révolution ; or à la dernière page se trouvaient écrits les vers suivants :

anne leloup dame de Monti

> vous vous etonnez fort de voir dans ces Campagnes
> une louve acoucher de six belles Montagnes
> pour moi je suis Bien plus surpris
> de lui voir et l'esprit et le cœur embelis
> de plus de vertus et de charmes
> quelle ne porte encore d'étoiles dans ses ames (*sic*).

j. Mouster P^tre de leon.

Les armes des Monti, comtes de Rézé depuis 1672 étaient « *d'azur à la bande d'or, accostée de deux monts à six coupeaux de même* » (Nobiliaire de Potier de Courcy). — Bernard de Monti, un des douze conseillers d'état du duc de Toscane, était venu en France en 1552 avec Catherine de Médicis.

CHAPITRE XI

Du point géométrique. — Histoires de sorciers.
S'il est expédient aux femmes d'être savantes.

(Académie française, année 1667).

Recueil général des plus belles questions traitez dans les conférences publiques et académiques de Messieurs de l'Académie françoise. 1667. Recueillies par le sieur T. R. (1) (3 vol. in-12).

DU POINT

« S'il est vray qu'il y a plus de merveilles dans un ciron qu'en un éléphant, pour ce qu'on trouve dans le premier en abrégé, et comme indépendantes de leurs organes toutes les facultez qui sont estendües, et ont leurs causes et instrumens manifestes dans l'autre : Il y aura plus de merveilles au Point que dans tout le reste des corps qui en sont composez. De fait, y a-t-il rien de si petit qu'un point ? Et néantmoins il est l'objet de la pluspart des sciences. La Grammaire traite du point de distinction ; la Physique de celuy de reflexion et qui sert de centre à la terre ; l'Astrologie des points verticaux, le zénith et le nadir, et se sert d'eus pour remarquer les mouvemens des corps célestes. La Géographie a ses quatre points cardinaux. Toutes les sciences et

---

(1) Th. Renaudot (1584-1653), directeur de la *Gazette de France*.

les arts empruntent ce mot pour donner quelque ordre
aux choses dont elles traitent. Enfin, il sert de principe à la Géométrie, qui commence par luy ses propositions. Et parce que si nous en croyons Platon, tout
commencement est divin, le Point est le principe de la
ligne, comme elle l'est de la surface, cette-cy du corps,
l'instant du temps, et l'unité du nombre ; tient quelque
chose de cette divinité : laquelle Trismegeste pour ce
sujet appelle un centre ou Point dont la circonference
est en nulle part ; afin que ceux qui nous entendent
parler du Point n'estiment pas que ce soit si peu de
chose. »

HISTOIRES DE SORCIÈRS

« Et ce fameux magicien Simon (1), au rapport de Saint
Clément, sembloit créer un homme de l'air, se rendoit
invisible, paressoit sous divers visages, voloit en l'air,
pénétroit les rochers, se changeoit en brebis et en
chèvre, commandoit à une faucille d'aller moissonner,
comme elle fit toute seule plus que dix ouvriers, et
trompoit par ce moyen les yeux de tout le monde, hors-
mis ceus de Saint-Pierre. Tels ont esté aussi de l'aage
de nos peres un Triscalain, qui voulant diffamer son
curé, fit paroistre qu'il battoit un jeu de cartes au lieu
qu'il feuilletoit son bréviaire, lequel il l'obligea par ce
moyen à jetter contre terre, et Maistre Gonin, lequel
ayant esté mis au gibet, on y vid la mule du premier
Président pendüe en sa place. Leurs transports au
sabath sont quelquesfois de la première sorte et réels,
quelques fois imaginaires, tandis que le démon assoupit

---

(1) Simon le Magicien, juif de Samarie, vivait dans la première moitié du
premier siècle de notre ère.

profondément les Sorciers et Sorcières. Car le sexe
féminin pour sa fragilité y est plus sujet, mesmes lors
que la vieillesse diminüe ses grâces. »

« S'IL EST EXPÉDIENT AUX FEMMES D'ESTRE SAVANTES »

« Les hommes... privent encore les femmes injuste-
ment du plus grand de tous les biens, qui est celuy de
l'esprit, dont la science est le plus bel ornement, puis
qu'elle est le souverain bien de ce monde et de l'autre,
et la plus noble action de la plus excellente faculté de
l'ame, l'entendement, qui est commun aux femmes
aussi-bien qu'aux hommes (1) sur lesquels elles semblent mesmes avoir l'avantage de l'esprit : non seulement pour la délicatesse de leur chair, indice de la
bonté et de l'esprit, mais à cause de leur curiosité, qui
est mère de la Philosophie, définie par ce sujet
l'amour et le désir de sagesse : et cette vivacité se void
en leur babil et en leurs artifices, intrigues et dissimu-
lations : leurs espris estant semblables à ces bonnes
terres qui foisonnent en herbages et épines, faute d'une
meilleure culture. Leur mémoire causée par la constitution humide de leur cerveau et leur vie sédentaire et
solitaire sont encore favorables à l'étude. Aussi, pour
ne parler point de celles d'à présent, nous avons les
exemples de Sainte Brigide, qui a excellé en la Théologie Mystique ; Cléopâtre sœur d'Arsinoé, en la Médecine ; Pulcheria, en la Politique ; Hypétia et Athénaïs,
femme de Théodoze, en la Philosophie ; Sapphon et les

(1) « Les femmes peuvent-elles avoir le droit de faire des loix ? » — La
princesse de la Guiche répond : oui, la femme peut être soumise aux volon-
tés de son époux sans perdre ce droit ; « on avoue que les loix sont mâles,
mais l'on ne peut pas nier que les femmes donnent les mâles, aussi bien que
les femelles » (1687).

Corrynnes, en la Poësie ; Cornélia mere des Gracches
et Tullia doublement fille de Ciceron, en l'éloquence. »

Dans le tome III, on trouvera des chapitres sur de
suggestifs sujets :

*Des Incubes et Succubes, et si les Démons peuvent
engendrer :* « ... Dans l'isle Hispaniole le démon appellé
des habitants Corocote se mesle avec leurs femmes, et
les enfans qui en viennent ont des cornes... »

*S'il vaut mieux que les hommes ayent plusieurs femmes
ou les femmes plusieurs marys :* « ... Chez les Mèdes et
Perses, c'estoit une honte à une femme d'avoir moins
de cinq marys... Les femmes de la grande Bretagne en
ont eu jusques à dix ou douze... »

Lequel vaut mieux se marier ou ne se marier point.
— Le mariage est la vraie école de la patience, car
« ... Socrate disoit avoir mieux appris de la mauvaise
teste de sa femme que de tous les préceptes des Philosophes. — Le premier qui s'est jamais marié l'a bien
éprouvé, car tandis qu'il fut garçon il demeura dans
l'estat d'innocence et de sainteté ; mais il ne fut pas
plûtost avec sa femme que Dieu lui donna tandis qu'il
dormoit, qu'elle le fit tomber par ses artifices de cet
estat glorieux dans un misérable. »

CHAPITRE XII

La Géométrie de Port-Royal. — Orgueil des géomètres. — Avantages de la Géométrie pour l'éducation. — Définitions d'Euclide. — Démonstrations par l'absurde.

(ANTOINE ARNAUD, NICOLE, 1667).

LA GÉOMÉTRIE D'ARNAUD ET DE NICOLE (1).

(Nouveaux élémens de géométrie, in-4°, 1667 — autre édition 1683 — autre augmentée, La Haye 1690, etc.).

Pendant longtemps on s'était contenté pour apprendre la géométrie, des innombrables éditions d'Euclide, qui furent publiées en latin et en français ; certaines d'entre elles — nous. en avons cité — faites par des gens ignorants, étaient plutôt un recueil d'énoncés qu'une suite de propositions. Antoine Arnaud a eu le grand mérite d'oser rompre avec cette tradition et de chercher un ordre de théorèmes non plus rigoureux mais plus simple et plus facile à retenir. Ses *Nouveaux Élémens de Geometrie*, parus sans nom d'auteur, en 1667, sont beaucoup plus clairs. L'auteur débute par parler de l'étendue en général et consacre quatre livres à

---

(1) Arnaud (1612-1694), Nicole (1625-1695). — « Que n'eussent point fait pour les sciences et pour les arts les Arnauds, les Nicoles et les Lancelots, si des brouillons malheureusement trop puissants... ne les eussent persécutés cruellement et forcés à s'occuper de ces disputes et de ces bagatelles sacrées, » dit La Chalotais, parlant des querelles théologiques.

l'arithmétique et à l'algèbre, en insistant sur les proportions ; il ne se fera aucun scrupule de s'en servir ensuite, et ses démonstrations ne seront pas ainsi purement géométriques. Il s'efforce d'invoquer le plus petit nombre d'axiomes possible, mais remarque que certaines idées sont tellement familières à chacun, qu'on essaierait vainement de les définir ; on s'exposerait à les rendre plus obscures :

« Je suppose que l'on sçache que ce qu'on appelle corps, espace, étendüe (car tout cela signifie la même chose) a trois dimensions : longueur, largeur et profondeur. Et que quand on les considère toutes les trois, c'est alors que cette sorte de grandeur s'appelle proprement corps ou Solide. Que quand on n'en considère que deux, sçavoir la longueur et la largeur, on l'appelle alors Surface. Et que quand on n'en considère qu'une, sçavoir la longueur, on l'appelle alors Ligne » (p. 2).

« Toute grandeur est continüe, comme est l'étendüe, le temps, le mouvement ; ou non continüe, comme le nombre. La continüe est ou successive, comme le temps, le mouvement. Ou permanente, qui s'appelle généralement espace ou étendüe. Mais elle se considère ou selon toutes ses trois dimensions, longueur, largeur et profondeur, et alors elle s'appelle corps ou solide. Ou selon deux seulement, longueur et largeur, et alors elle s'appelle surface ou superficie, qui est ou plate, qui s'appelle plan, ou non plate qui s'appelle surface courbe. Ou selon une seulement, qui est la longueur, et alors elle s'appelle ligne, qui est ou droite ou courbe. L'extrémité de la ligne s'appelle point, qui doit estre conceu indivisible, car s'il pouvoit estre partagé en deux, l'une de ces moitiez ne seroit pas à l'extrémité de la ligne. Et par la même raison la ligne, qui est indivisible selon la largeur, parce qu'elle est considérée comme n'en ayant point, est l'extrémité de la surface. Et la surface qui est aussi indivisible selon la profondeur, est l'extrémité du corps » (p. 80 et 81).

... « Pour mesurer un champ, je ne m'amuse pas à creuser pour sçavoir si la terre y est bien profonde, mais je regarde seulement combien il est long et large. Et pour sçavoir combien il y a de Paris à Orléans, je ne mesure pas la largeur des chemins, mais seulement la longueur. Et de même ce qu'on appelle point n'est que la ligne même, en tant qu'on n'y considère que la négation d'une plus longue étendüe » (p. 81).

Arnaud recommande de s'habituer dès le commencement « à concevoir généralement les choses en les marquant par des lettres sans se mettre en peine de ce qu'elles signifient ». L'avantage qu'on en tire « est d'accoûtumer l'esprit à concevoir les choses d'une manière spirituelle sans l'aide d'aucunes images sensibles, ce qui sert beaucoup à nous rendre capables de la connoissance de Dieu et de nostre ame ».

Nicole avait écrit pour cet ouvrage une longue préface, très remarquable et d'une logique absolue, dont voici des extraits :

« Ce n'est pas un grand mal que de n'estre pas Géomètre (1); mais c'en est un considérable que de croire que la Géométrie est une chose fort estimable, et de s'estimer soy même pour s'estre rempli la teste de lignes, d'angles, de cercles, de proportions. C'est une ignorance très blâmable que de ne pas sçavoir, que toutes ces spéculations stériles ne contribuent en rien

---

(1) Pascal écrivant à Fermat, dit du chevalier de Méré : « Il a très bon esprit, mais il n'est pas géomètre : c'est, comme vous le savez, un grand défaut. »

à nous rendre heureux ; qu'elles ne soulagent point nos misères ; qu'elles ne nous peuvent donner aucun contentement réel et solide ; que l'homme n'est point fait pour cela, et que bien loin que ces sciences luy donnent sujet de s'élever en luy même, elles sont au contraire des preuves de la bassesse de son esprit ; puisqu'il est si vain et si vuyde de vray bien, qu'il est capable de s'occuper tout entier à des choses si vaines et si inutiles. »

La Géométrie a cependant des avantages, surtout pour l'éducation des jeunes gens :

... « Rien n'est plus capable de détacher l'âme de cette application aux sens, qu'une autre application à un objet qui n'a rien d'agréable selon les sens ; et c'est ce qui se rencontre parfaitement dans cette science. Elle n'a rien du tout qui puisse favoriser tant soit peu la pente de l'âme vers les sens ; son objet n'a aucune liaison avec la concupiscence ; elle est incapable d'éloquence et d'agréement dans le langage ; rien n'y excite les passions ; elle n'a rien du tout d'aimable que la vérité, et elle la présente à l'âme toute nüe et détachée de tout ce que l'on aime le plus dans les autres choses.»

... « La Géométrie apprend aussy à reconnoistre la vérité et à ne se laisser pas tromper par quantité de maximes obscures et incertaines, qui servent de principes aux faux raisonnements dont les discours des hommes sont tous remplis... Car en fournissant des principes vraiment clairs, elle nous donne le modelle de la clarté et de l'évidence pour discerner ceux qui ne l'ont pas... et elle accoûtume l'esprit à estre toûjours en garde contre les équivoques des mots et contre les principes confus, qui sont les deux sources les plus communes des mauvais raisonnemens. »

« Il ne faut pas dissimuler néanmoins, que cette coû-

tûme même de rejetter tout ce qui n'est pas entièrement clair peut engager dans un défaut très considérable, qui est de vouloir pratiquer cette exactitude en
toute sorte de matières, et de contredire tout ce qui
n'est pas proposé avec l'évidence Géométrique... Mais
si ce défaut est assez ordinaire à quelques Géomètres,
il ne naist pas néanmoins de la Géométrie même. »

Cette Géométrie de Port-Royal n'est cependant pas
irréprochable : la règle des signes de Descartes, la
théorie des parallèles laissent fort à désirer comme
rigueur. Elle a suscité de nombreuses imitations,
parmi lesquelles les « Elemens de Géométrie de Monseigneur le Duc de Bourgogne, par M. de Malézieu »
(1722).

La démonstration indiquée du théorème du carré de
l'hypoténuse est une de celles que donne Euclide pour
le théorème plus général suivant : « Dans un triangle
rectangle, la figure construite sur l'hypoténuse est équi-
valente à la somme des figures semblables et sembla-
blement décrites sur les côtés de l'angle droit. »

Je rappelle à ce propos les définitions par lesquelles
Euclide commence son ouvrage :

« Le point est ce dont la partie est nulle.

Une ligne est une longueur sans largeur.

Les extrémités d'une ligne sont des points.

La ligne droite est celle qui est également placée
entre ses points.

Une surface est ce qui a seulement longueur et largeur.

Les extrémités d'une surface sont des lignes.

La surface plane est celle qui est également placée
entre ses droites. »

(Trad. Peyrard.)

Il est intéressant de comparer cette Géométrie d'Arnaud à celle de l'abbé De la Chapelle : Arnaud exige la démonstration directe et repousse celle par l'absurde, car « si elles peuvent convaincre l'esprit en le mettant hors d'état de pouvoir douter qu'une chose soit, elles ne le satisfont pas pleinement en lui donnant toute la clarté qu'il peut raisonnablement désirer ». — Et son adversaire répond : « le principe de la réduction à l'absurde est fort proportionné à la nature de l'esprit humain, plus capable d'être convaincu que d'être véritablement éclairé. Tous les hommes se rendent sans aucune réplique à ce raisonnement : — il est impossible que cela ne soit pas, donc cela est. — Par conséquent, puisqu'une démonstration est uniquement faite pour ceux à qui l'on parle, pourquoi ne feroit-on pas valoir un principe qui est si fort à leur portée ? Voici donc ce que je pense de ces deux manières de démontrer : on doit toujours préférer celle des deux qui est la plus courte, la plus frappante, la plus proportionnée au commun des esprits naturellement inappliqués et ennemis du travail... Peu de gens sont capables de goûter les raffinements d'une démonstration, mais tous se laissent emporter à la force de la conviction. Comme il est plus facile de dompter les hommes que de les rendre justes, il est aussi plus aisé de les convaincre que de les éclairer ».

Composé par le sieur
BARREME
Aritmeticien

Le Livre Necessaire
a toute sorte de Conditions

Inventé de nouueau
pour tirer tout d'un coup
Les Interets
de plusieurs Années
de plusieurs Mois
de plusieurs Iours en vn moment
et en vn même endroit
ce qu'on n'auoit iamais veü

On y voit aussi
Des Tarifs bien Comodes
ou sans avoir apris la Division
on y peut DIVISER iusqu'a
trente mil livres
La Raduction des Monnoyes
y est d'vne maniere particuliere.

Le PROFIT des Marchands y est
Les CHANGES y sont aussi, et
Les ESCONTES a tant p. Cent
on y fait
Par la seule Addition, les
Contributions, Impositions
et Departements,
AU SOL LA LIVRE

Le Roy regle tout
par la Iustice

Le Roy polit tout
par la Police

MONSEIGR DE LA REYNIE

Et vainc tout ce qui ose luy resister

CHAPITRE XIII

Barrême l'arithméticien : dédicace en vers de son œuvre.

(BARRÈME, 1671 et 1673).

LE LIVRE NÉCESSAIRE A TOUTE SORTE DE CONDITIONS, PAR LE SIEUR BARRÈME(1). (Le livre a été achevé le 20 juin 1671).

BARRÈME, Arithméticien demeurant au bout du Pont-Neuf, rue Dauphine Enseigne Brièvement l'Arithmétique et vend 4 Livres utiles.

LE PREMIER est le LIVRE DES COMPTES FAITS ou sans avoir apris l'Arithmétique on y fait toute sortes de Comptes et Multiplications les plus dificiles quand il y auroit mesme des grandes fractions, Livre très facile et d'une grande utilité DÉDIÉ A MONSEIGNEUR COLBERT.

LE SECOND est LE LIVRE pour Aprendre l'Arithmétique de soy-mesme et sans Maistre, par des Methodes les plus brieves, et les plus courtes, qu'on ait Jamais Veües.

LE TROISIÈME est le petit Livre DU GRAND COMMERCE ou sans avoir apris l'Arithmetique pourveu qu'on sache l'Addition, on y peut faire les Changes d'ANGLETERRE, d'HOLANDE, de FLANDRES, d'ALLEMAGNE, SUISSE, etc., en quel estat que le Change puisse estre, comme aussi la Réduction des Mesures et Poids Etrangers Jusqu'aux INDES, PERSE et TURQUIE.

ANAGRAMME

Faite par un sage et sçavant Docteur qui n'a pas voulu mettre son nom, par modestie.

----

(1) Barrême est mort en 1703.

LAREINEÏUS

SINE LABE VIR

C'est-à-dire

L'HOMME SANS DÉFAUT

EPIGRAMME à l'auteur de cette ANAGRAMME.

Vostre Anagramme est admirable,
Et le rencontre est si parfait,
Qu'on ne void rien de si bien fait,
Ny de plus accomply, ny de plus convenable :
O ravissant Esprit, vous parlez comme il faut,
En disant qu'il est SANS DÉFAUT.

LE DESSEIN DE L'AUTEUR

SUR SA DÉDICACE DÉSINTÉRESSÉE

L'Interest en ce temps est le premier mobile,
Qui traîne avec effort la plupart des mortels;
Plusieurs luy dressent des Autels,
Et quittent sans raison l'honneste pour l'utile :
Ils estiment l'homme Donneur
Beaucoup plus que l'homme d'HONNEUR.
Des sources d'abondance ils en font leurs Idoles,
Je n'ay pas ce défaut, et je puis dire aussi,
Qu'aux Livres que j'ay fait sur tout à celuy-cy,
Je recherche l'Honneur et non pas les Pistoles.

Au Grand DE LA REYNIE, j'ay fait ma Dédicace
Pour avoir sa Protection,
C'est là tout mon désir et mon ambition,
D'obtenir de luy cette grace :
Si des Livres mauvais il est Persécuteur,
Des bons il sera Protecteur,

Il soustiendra ma cause, elle est bonne, elle est juste,
Je sers tout le Public en travaillant pour moy,
Qui me peut donc choquer ayant pouvoir du Roy,
Ayant pour Protecteurs les deux aymés (1) d'AUGUSTE.

La Géométrie servant a l'arpentage, par Barrême, Aritméticien ordinaire du Roy (1673, in-12).

Ode dédicatoire à Monsieur Le Gendre, négociant.

I

Monsieur, c'est votre bienveillance
Qui m'oblige présentement,
A produire un ressentiment
Qui marque ma reconnoissance.
Vous m'avez si fort obligé
Que si j'eusse encore négligé,
Je serois devenu coupable.
L'ingratitude fait horreur
Et je la tiens insuportable
A ceux qui vivent dans l'honneur.

II

L'honneur que j'ay de votre estime
Est un bien qui m'est précieux,
Et je m'estime glorieux
D'avoir le zèle qui m'anime.
Le souvenir de vos bontez
Vient d'exciter mes volontez

---

(1) La Reynie, lieutenant de police, vivait de 1625 à 1709. — L'autre « aymé d'Auguste » est évidemment Colbert.

A vous offrir ces coups de plume.
Je m'en vay sans déguisement
Couronner ce petit volume
Par un honnête compliment.

(Le compliment se compose en tout de XXIII strophes.)

Ces deux ouvrages sont ornés de jolis frontispices. Celui du premier est particulièrement fin et renferme trois petits écussons, représentant deux tribunaux et un combat de cavalerie, avec ces inscriptions :

Le Roy règle tout par la Iustice.
Le Roy polit tout par la police.
Et vainc tout ce qui ose lúy résister.

CHAPITRE XIV

Preuve de l'existence de Dieu tirée de la considération des espaces asymptotiques.

(Le jésuite PARDIES, professeur au collège de Clermont
« Louis-le-Grand », 1673).

ÉLÉMENS DE GÉOMÉTRIE, par le P. Ignace Gaston Pardies (1),
de la Compagnie de Jésus (2ᵉ édition, 1673, 1 vol. in-12).

« La connoissance des espaces asymptotiques est la
chose du monde la plus admirable, et qui fait voir le
plus clairement la grandeur et la spiritualité de notre
âme, puisque par la seule lumière de son esprit, pénétrant au delà de l'infini, elle découvre si clairement des
choses que nulle expérience sensible ne luy peut
apprendre, et qu'aucune puissance corporelle ne sçau-
roit seulement appercevoir..... Ces espaces infinis en longueur sont néanmoins égaux à un cercle ou à une autre
figure déterminée : de sorte que l'Infini mesme, tout
immense et tout innombrable qu'il est, se réduit néanmoins au calcul et à la mesure de la Géométrie, et que
nostre esprit, encore plus grand que luy, est capable
de le comprendre. De toutes les connoissances naturelles que l'homme peut acquérir par son propre raison-

---

(1) Il vivait de 1636 à 1673. Il a publié encore un *Discours de la connais
sance des bestes*, etc.

nement, sans doute la plus admirable est cette compréhension de l'infini : et je ne voy rien de plus propre à nous convaincre de l'existence de nostre âme, et à nous faire reconnoistre, qu'outre la faculté matérielle que nous avons d'imaginer par le moyen des organes, nous en avons une toute spirituelle pour penser et pour raisonner, que le plus grand de tous les Philosophes appelle — une puissance indépendante des organes, séparée de la matière, et venant d'ailleurs que du corps ».

..... « Il faut donc reconnoistre que nous avons en nous des idées et des représentations claires et distinctes d'une étendue infinie ; et par conséquent cette faculté, qui nous représente ainsi ce que nul corps ne peut représenter, est une puissance purement spirituelle et distincte de la matière : de sorte que la Géométrie par une seule démonstration prouve également une des plus admirables propriétez de la nature, et en mesme temps une des deux plus importantes véritez de la Morale. »

« Oseray-je passer encore plus avant, et dire que dans cette mesme démonstration on trouve aussi la preuve invincible de l'existence de Dieu ? Je sçay que la nature divine est un abysme de lumière, qui se répand par tout, et qui se fait sentir aux esprits les plus aveugles et les plus stupides : mais je sçay aussi jusqu'à quel point est allée l'impiété des libertins, qui ne pouvant résister à leurs propres convictions, ni se répondre à eux-mesmes, tâchent d'éluder au dehors les démonstrations des autres, en se retranchant dans l'embarras de l'éternité, et ils pensent estre fort à couvert dans cette multitude infinie de causes dépendantes, et trouver toùjours lieu de fuïr dans la suite éternelle de diverses productions. Mais la Géométrie, par un exemple manifeste des asymptotes, démontre invinciblement, que

mesme dans cette prétendüe suite des causes subor-
données et dépendantes les unes des autres à l'infini,
il faut nécessairement en venir à une première nature,
qui concourant avec toutes ces causes particulières,
et correspondant à tous les temps, soit elle-mesme
infinie et éternelle, et qui ne produisant toute seule
aucune de ces causes sans le concours et sans la détermination des autres, soit néanmoins la cause générale
qui produit et qui conserve toutes choses..... »

« ..... Entre tous les Commentateurs, le plus long, à
mon avis, est Clavius (1), et le Père Fournier (2) est le
plus court; je suis néanmoins persuadé qu'il faut plus
de temps pour entendre passablement Euclide dans le
Père Fournier, que pour le comprendre dans Clavius :
tant il est vray que dans la Géométrie on ne doit pas
mesurer le temps de l'étude par la grandeur ou la petitesse du volume..... »

« Cet ouvrage renferme une théorie géométrique très
claire des logarithmes. Je me bornerai à dire que
l'auteur imagine une courbe, dont l'équation serait

$$y = 10^{\frac{x-a}{a}}$$

a étant un paramètre quelconque.

L'avis suivant « à ceux qui veulent apprendre la géométrie », est imprimé après la préface.

« Il faut s'accoûtumer à considérer les figures en
même temps qu'on lit. On y a de la peine au commen-

(1) Pardies dit ailleurs, en parlant de l'énorme in-folio de Clavius sur la
Gnomonique, qu'il n'y a sûrement que lui et son imprimeur à l'avoir lu.
(2) Le P. Fournier vivait de 1595 à 1652.

cement; mais on y est rompu dans deux ou trois jours. »

« Il ne faut point se rebuter, si l'on trouve des choses qu'on ne comprend pas d'abord; la Géométrie ne s'apprend pas aussi aisément qu'une histoire. »

« Si après avoir leû avec attention une proposition, on ne l'entend pas, il faut passer outre ; on l'entendra peut-estre dans la suite, ou du moins lors qu'après avoir tout parcouru, on recommencera à lire tout de nouveau. En fait de Géométrie on ne comprend jamais bien les choses à la première lecture..... »

« Il est bon d'avoir un Maistre au commencement, qui explique ces démonstrations, et par ce moyen on apprend beaucoup plus aisément qu'on ne feroit soy-mesme en lisant. »

« Si l'on veut se donner la peine de venir au Collège de Clermont, l'Auteur de ces Élémens continura de les y expliquer publiquement les lundis et les vendredis. »

Ainsi Pardies affirme que « des espaces infinis en longueur sont égaux à ..... une figure déterminée ». Cela signifie que si l'on considère une courbe, par exemple celle représentée par l'équation

$$y = \frac{1}{2^x},$$

l'espace compris entre Oy, cette courbe et son asymptote Ox, quoiqu'ayant une longueur infinie, *peut* néanmoins être fini. Ici, par exemple, il est visible que l'espace considéré est inférieur à une somme de rectangles ayant une même base égale à 1 et des hauteurs respectives égales à 1, $\frac{1}{2}$, $\frac{1}{4}$, $\frac{1}{8}$, ... ; or cette somme de rectangles a pour limite 2.

Le contraire peut d'ailleurs arriver, c'est-à-dire que l'espace asymptotique peut dans certains cas surpasser toute limite assignée.

Nous trouvons à la page 299 de l'édition classique

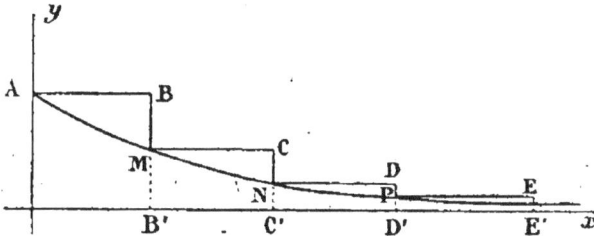

Fig. 9.

des *Pensées* de Pascal par Havet une note qui nous engage à insister sur ce sujet. Voici d'abord le passage de la Logique de Port-Royal cité dans cette note :

« C'est par cette définition infinie de l'étendue qui naît de sa divisibilité qu'on peut prouver ces problèmes qui semblent impossibles dans les termes : Trouver un espace infini égal à un espace fini, ou qui ne soit que la moitié, le tiers, etc., d'un espace fini. On les peut résoudre en diverses manières, et en voici une assez grossière, mais très facile. Si l'on prend la moitié d'un carré, et la moitié de cette moitié, et ainsi à l'infini et que l'on joigne toutes ces moitiés par leur plus longue ligne, on en fera un espace d'une figure irrégulière, et qui diminuera toujours à l'infini par un des bouts, mais qui sera égal à tout le carré ; car la moitié, et la moitié de la moitié, plus la moitié de cette seconde moitié, et ainsi à l'infini, font la moitié, etc. ».

Voici maintenant le commentaire qu'en fait Havet :

« Mais la vérité est qu'il n'y a pas d'espace infini. On ajoute bien des espaces jusqu'à l'infini, mais ces espa- ces deviennent infiniment petits. On n'obtient donc

· qu'un espace composé d'une infinie quantité d'infiniment petits, ce qui est la condition commune de toute étendue finie quelconque. »

Cela ne nous paraît pas précis, et prête à équivoque. Si le carré primitif est A B B' O, l'espace fini dont parle la Logique est compris entre MB', la droite B'C'D'E'...*x* et la ligne brisée MCNDPE..... : il est égal au carré primitif. Mais cet espace ne serait plus du tout fini si on prenait par exemple MB', NC', PD',.... égales à $\frac{1}{2}$, $\frac{1}{3}$, $\frac{1}{4}$, puis $\frac{1}{5}$, $\frac{1}{6}$, $\frac{1}{7}$,..... de AO : il augmenterait toujours à mesure qu'on augmenterait le nombre des rectangles, et pourrait devenir supérieur à toute surface · assignée à l'avance.

L'expression « espace infini » de la Logique doit évidemment s'entendre espace ayant une dimension infinie, ainsi que dit Pardies, et c'est aussi le sens qu'il faut apporter à cette pensée de Pascal : « Tout ce qui est incompréhensible ne laisse pas d'être. Le nombre infini. Un espace infini, égal au fini. »

CHAPITRE XV

La Géométrie françoise. — Quadrature du cercle.

(De Beaulieu, ingénieur, 1676).

La Géométrie française, ou la pratique aisée, pour apprendre sans maistre l'arpentage des figures accessibles et inaccessibles, mesures et toisez des fortifications et toutes sortes de bâtimens pour ceux qui n'ont connoissance des mathématiques, avec la clef arithmétique pour ses opérations. — La quadracture du cercle ou la pratique et réduction des cercles, segmens, elipses paraboles, hiperboles, et scixtions coniques et cylindriques, en leur quarré parfait, leurs applications au toisé des courbe-lignes, des architectures civille, navalle et militaire en faveur des sçavans. — Par le sieur de Beaulieu, ingénieur, géographe du Roy, arpenteur juré ordinaire de Sa Majesté, au départe-ment de La Rochelle. — A Paris, chez Charles de Sercy, au Palais, au sixième pilier de la grand'salle, vis-à-vis la montée de la Cour des aides, à la Bonne Foy Couronnée. — (1676, 1 vol. in-8°, avec frontispice).

A. M. D. G.

« Aux lecteurs sçavans, et à tous ceux qui n'ont que la simple lecture et écriture pour fond de science. »

« Messieurs, ce Traitté géométrique, nouvellement composé pour l'utilité publique, particulièrement pour ceux qui n'ont aucune connoissance des mathématiques, et comme le nombre en est infiniment plus grand que de ceux qui en font profession ; aussi est-ce pour le bien public et particulier d'iceux qui ont de l'amour pour la vertu, qui ne la connoissent pas, que j'ay composé ce Traité, ou soit que leurs emplois, charges, arts, qualités et conditions les privent de ce vertueux exercice de la dernière importance (à la société civile) ç'a été, dis-je, pour les susdits amateurs de cette partie de vertu géométrique, que mes soins se sont portez à leur rendre accessible, intelligible, famillier, ce que tous les sçavans tant anciens que modernes ont voilé et rendu comme inaccessible... »

Voici des extraits de l'avant-propos placé à la suite de cet avis :

« Je ne fay pas de doute icy que l'envie accompagné de sa dame suivante, la médisance, ne trouve de quoy blâmer ma trop grande familiarité en cette science, et m'accuser d'en ignorer les plus secrets principes ; mais je prie ces messieurs, et je les conjure, que s'ils ne trouvent pas de quoy se satisfaire, qu'ils ayent à voir la quadrature du cercle de l'auteur nouvellement découverte, après dix années de recherches ; et là je me fais fort et assuré que moyennant l'aide du Père des Lumières, que le plus obstiné changera d'avis, s'il a tant soit peu d'estime pour la vertu, sans autre considération que d'elle-mesme... »

« Ticobraé, que quelques-uns veulent avoir esté Roy de Danemark, s'est rendu en nos derniers siècles un miracle de science, par la pratique de la géométrie, qui l'a conduit au merveille dont il nous a écrit touchant l'astrologie. »

« Copernic, allemand, ne s'est pas moins rendu illustre par ses doctes écrits ; et nous pourrions dire de luy, qu'il seroit le seul et unique en la force de ses problèmes, si sa trop grande présomption ne l'avoit porté à avancer en cette science une proposition aussi absurde, qu'elle est contre la Foy et raison, en faisant la circonférence d'un cercle fixe, immobile, et le centre mobile, sur lequel principe géométrique il a avancé en son traitté astrologique le soleil fixe, et la terre mobile... »

Les définitions ne sont pas plus claires, quoiqu'elles soient accompagnées de figures :

« Difinition II. — Du poinct ou centre. — Le poinct, selon les Géomètres est indivisible, et ce poinct est communément appellé centre, attendu qu'il est toûjours supposé estre au milieu de toute circonférence ; et pour le rendre palpable, on le fait physique ; c'est-à-dire marqué et réel de quelque apparence, quoy que selon les Mathématiciens il est imperceptible, et se nomme par iceux point donné, ou imaginé... »

« Difinition X. — De la figure circulaire. — La ligne circulaire ou de circonférence est celle qui commence par un poinct prolongé, est bornée et terminée du mesme poinct... »

« Difinition XI. — De la ligne ovalle. — La ligne ovalle n'est autre chose qu'une ligne circulaire berlongue... »

- « Difinition XIV. — De trois poincts donnez ou perdus les renfermer dans un cercle. — Les trois poincts perdus ou poincts donnez, sont trois poincts jetez selon que le hazard le peut faire sur table ou papier ; on les renferme de cette sorte : premièrement vous posez sur lesdits trois poincts la pointe de compas, en telle sorte que vous décrivez desdits trois poincts un quatrième, où vous posez la pointe de compas et de cedit quatrième point, immanquablement vous renfermez les trois poincts donnez susdits, comme il se peut voir en la pratique mécanique qu'on en peut faire ».

- La quadrature du cercle est un problème très diffi-

cile, que « le Père Euclide » a vainement cherché, mais
que l'auteur fera toucher « au doigt et à l'œil ». Mais il
faut prendre certaines précautions :

« En vain le médecin proposeroit la guérison à son
malade, si le malade n'avoit la disposition de suivre ses
ordonnances. En vain et pour néant on proposeroit à
un homme de prendre le bonnet de docteur et se faire
bachelier, si préalablement cet homme n'avoit la vertu
et la science requise. Aussi ne donne-on point aux
enfans naissans la nourriture solide, que préalablement
il n'aye succé le lait. »

« Cette métaphore est pour avertir les lecteurs, que
l'intention de l'auteur n'est pas de proposer cette proposition aux malades des sciences, c'est à dire aux escoliers qui ont quelque commencement de géométrie, soit
comme ceux qui s'estans adonnez à l'arithmétique en
leurs jeunes âges, et quand ils sont en l'âge viril, ils
n'en sçavent plus rien, faute de s'estre exercez en leur
première règle. »

« Ainsi ceux qui par curiosité ont quelquefois en leur
jeunesse jetté les yeux sur quelque livre de géométrie,
ne doive pas se présumer pouvoir atteindre à la compréhension de nostre quadrature, ce sont gens infirmes
en ce genre de sçavoir, ils ont besoin de consulter
quelque véritable médecin, qui par ses ordonnances
leur donne la santé de la vertu avec le régime de vivre,
c'est à dire les alimens de cette science, dont le fait est
les définitions géométriques, qui sont comme le fondement de cette baze des mathématiques. »

« Cecy doit suffire pour faire voir et entendre qu'il faut
estre véritable et sçavant géomètre, non que toutesfois
sans longue expérience. On peut faire cette opération
avec facilité, pourvu que eux qui n'ont point de géométrie se fasse instruire des premiers principes par l'au-

teur, et dont ils peuvent s'instruire eux-mesmes par le
traité particulier et familier, intelligible à toutes conditions, que l'auteur a fait sous le titre de la Géométrie
françoise, qui se distribüe chez luy ».

Après cette réclame, l'auteur entreprend sa quadrature, « la poge de la géométrie », mais il n'en donne
aucune démonstration, l'estimant « bien plus clairement démontrée par sa pratique de trait géométral,
qu'avec toute l'éloquence et force du raisonnement de
la plus subtile théorie ». Je ne la reproduis pas, car
c'est exactement la même que celle de Charles de
Bovelles.

Sait-on enfin d'où vient le proverbe « qui basty
ment » ? De ce qu'une ordonnance du roi Henri II, ren-
due en 1557, « fait mention de deux espèces de toisez »,
ce dont profitent les maçons pour tromper les bourgeois
ignorants.

CHAPITRE XVI

Essence divine du point géométrique. — Vertus du dattier, du figuier, de l'olivier.

(Le R. P. Léon, prédicateur de Leurs Majestez Très Chrétiennes, 1679).

———

L'Académie des Sciences et des Arts. pour raisonner de toutes choses et parvenir à la Sagesse Universelle, par le R. P. Léon, Prédicateur de leurs Majestez Très Chrétiennes (Paris, 1679, 2 vol. in-12).

« *La Géométrie, l'Arpentage et le Toisé.* — Cette Science ayant bien plus d'étendüe que son nom ne luy en donne, ne l'attachant qu'à la terre, est toute occupée à contempler, mesurer et diviser les grandeurs que forme la Quantité continüe. C'est pourquoy comme purement spéculative elle en contemple les règles infaillibles, et comme Practique elle *enseigne* à construire avec le compas, la règle et l'équerre les lignes, les surfaces et les corps. Toutes ces figures, pour se rendre sensibles, deviennent Physiques, qui enferment celles qui sont purement Géométriques. Elle apprend aussi à mesurer les distances, les hauteurs et les profondeurs des objets, soit accessibles, soit inaccessibles. D'où est né l'*arpentage*, qui mesure avec des cordes, et divise les Terres et Domaines. C'est ce que fit Dieu mesme dans le partage de la Terre Sainte, fait aux Israëlites sous le tems de Josué. »

« La plus petite partie de cette Quantité, encore qu'on la nomme plûtost son commencement, la plus proche du rien et la plus indivisible, n'ayant point de parties, c'est le *Point*. Puisque, néanmoins, selon la maxime de Platon, tout principe est divin (1), le point doit porter cette haute qualité, veu que c'est par luy que commence la ligne, le temps, les nombres, le centre, et toutes les choses qui en dépendent. Jusques-là que Dieu qui est luy-mesme un centre et un point, enferme les plus grandes choses dans les plus petites. »

« De ce presque rien naissent diverses sortes de Lignes, que les Géomètres définissent une longitude qui n'a point de latitude... »

« Les figures plattes recti-lignes sont de plusieurs sortes. La première est le Triangle équi-latéral. Il est ainsi nommé, parce qu'il est bâty de trois lignes égales, qui sont ses deux jambes et sa baze. Tous les Sages Anciens l'ont employé pour Symbole de la Divinité, et les Chrétiens en enferment trois l'un dans l'autre, afin de signifier la Très-Sainte Trinité, qui est le premier et le plus auguste de tous nos Mystères... »

« Le Globe est un corps solide, compris par une surface, en toutes façons rond et circulaire. C'est la plus noble de toutes les figures, et le plus parfait de tous les corps. En effet, cette figure contient plus d'espace que toutes les autres de pareil contour. Elle n'a rien d'âpre ny de couppé, point de détour ny d'inégalité. Enfin c'est le symbole de Dieu, de la Nature, de l'Homme, qui font et qui font tout en rond et par une continuelle circulation... »

« Comme il n'y avoit autrefois que trois Muses figurées par les trois Grâces, qui s'embrassent les unes

---

(1) Comparez à la phrase presque identique de Renaudot.

les autres, on peut dire véritablement qu'elles représentoient les trois Parties principales de la Mathématique, l'Arithmétique, la Musique et la Géométrie. De leur sein cependant naissent trois autres Parties impures ou mêlées. C'est ce que comprennent la Cosmographie, les Arts Libéraux, et les Méchaniques ».

« *L'Agriculture.* — ... *Le Palmier*, que les Hebreux expriment par un mesme mot que le Phenix, est le symbole de la résurrection, de la force, de la victoire, parce qu'il meurt s'il n'est éclairé du Soleil. Plus il est chargé, plus il se redresse et se roidit contre le poids : *nititur in pondus*. Le mâle porte des fleurs sans fruits, la femelle des fruits sans fleurs. Ils demeurent stériles s'ils ne s'accouplent, et pour rendre l'une féconde il faut charger de rameaux et couvrir des branches de l'autre. Cet arbre a toute la moëlle dans sa teste, laquelle venant à estre coupée, la Palme meurt incontinent. A chaque nouvelle Lune il pousse un nouveau rameau. On appelle ses fruits des cariottes, des nicolas ou des dates, *dactili*, parce qu'ils sont faits en forme de doigts. »

« La Palme dont on coupa des rameaux pour honorer l'entrée triomphante de JÉSUS-CHRIST en Jérusalem fut conservée, comme par miracle, long-temps après le sac et la ruine de cette ville. Et un Empereur fit battre une Medale qui représentoit le Crocodille lié et attaché à un Palmier, avec cette devise : *nemo ante religavit*, montrant par là qu'il avoit dompté l'Egypte. »

« *Les Figues* sont si belles à la veüe et si agréables au goust qu'on les a prises pour ce fruit deffendu qui servit de tentation à nos premiers Parens, et qui causa la ruine de leur postérité. Tous deux Adam et Eve se servirent des fuëilles de cet arbre pour couvrir leur nudité après leur crime. Judas se pendit luy-mesme à un figuier qui se voyoit encore au temps du vénérable

Bède (1). A Rome sous l'Empire de Neron, le figuier qu'on appelloit Romulus desséchà au mesme temps qu'on y vit germer et pousser un morceau du bois de la Croix, planté par les deux premiers Apôtres Saint-Pierre et Saint-Paul. »

« Le figuier sauvage appaise la fureur des Taureaux, mortifie et attendrit les viandes fraîches, fait cailler le lait. En Egypte, pour rendre les figuiers plus fertiles, on les gratte, on les taille, on les coupe, puis on les arrose avec de l'huile. Il y a une sorte de figues si delicieuses, qu'on les nomme des Muses, comme si c'estoit la nourriture de ces neuf Sœurs. Et Esaïe guerit le Roy Ezéchias mettant sur son mal un cataplasme de figues. »

« ... Un tres-sçavant Evêque de Paris a remarqué que *l'Olivier* planté ou touché par la main d'une femme impudique, ne porte jamais de fruit, qu'il sèche et qu'il meurt aussi-tost (2). »

---

(1) Celui que tous les auteurs appellent le « vénérable » Bède était anglais et vivait sans doute de 675 à 735.

(2) L'auteur de cette Académie est sans doute le P. Léon de Saint-Jean, carme de Rennes, qui vivait de 1600 à 1671.

CHAPITRE XVII

Les opinions religieuses d'un professeur de mathématiques sous Louis XIV. — Éditeurs et auteurs.

(ROHAULT, Œuvres posthumes, 1682).

———

Rohault était sous le règne de Louis XIV un professeur de mathématiques et de physique, renommé pour sa clarté. Nous empruntons à la préface de ses ouvrages les passages suivants, qui commencent et finissent une tirade de 13 pages in-4° :

« Comme la Science et la Vertu engendrent souvent l'envie et la jalousie, il s'est trouvé des personnes assez indiscrettes, ou plûtost assez malicieuses, pour faire courir de mauvais bruits, et de l'Auteur et de son Livre ; de celuy-ci, ayant eu l'effronterie et l'impudence d'écrire contre la vérité, que la doctrine qu'il contient avoit esté trouvée si dangereuse et si mauvaise, qu'on l'avoit fait brûler par la main du boureau ; et à l'égard de l'Auteur, certains esprits mal-faits et emportez, ont eu pour lui si peu de respect et de retenue, qu'ils n'ont pas feint, en présence de Monsieur de Blampignon, Docteur de Sorbonne, Curé de saint Médéric son Pasteur, de rendre sa foy suspecte, et de le traiter d'hérétique, au sujet du plus saint et du plus auguste de nos Mystères, l'accusant de ne pas croire la Transubstantiation. »

. . . .

« Si je m'estois point déjà trop estendu, je pourrois icy faire remarquer les grands avantages que l'on peut tirer des Mathématiques, et particulièrement de la Géométrie ; C'estoit même le premier dessein que je m'estois proposé, afin de donner quelque estendüe à cette Préface, et me fournir de la matière dequoy pouvoir proportionner la teste de ce Livre avec le reste du corps ; Mais ayant depuis considéré qu'il estoit important de disculper Monsieur Rohault, et moy avec luy, des reproches qui nous estoient faits par ceux qui se donnoient la liberté de rendre publiquement suspecte la foy du Maistre et des Disciples, par les mauvaises conséquences qu'ils tiroient de leurs principes, cela m'a fait changer de dessein, et m'a déterminé à celuy que j'ay pris. Si j'ay bien ou mal reüssi je laisse à chacun à en juger. Mais au moins je puis assurer avec sincérité, que ce n'est que le désir de deffendre la vérité, et de repousser la calomnie, en fesant connoistre la pureté de leur Foy et de leur Doctrine, qui me l'a fait entreprendre. »

Extrait de la Préface des Œuvres posthumes de M. ROHAULT
(faite par son beau-père CLERSELIER, 1682, in-4°).

Voici encore quelques réflexions curieuses extraites de cette préface :

« Comme pour l'ordinaire il arrive de la contestation entre les Libraires et les Auteurs sur la disposition du titre, ceux-cy n'ayant en veüe que la conformité qu'il doit avoir avec le texte, afin que l'un ne démente pas l'autre, et ceux-là au contraire ne se souciant pas beaucoup de cette conformité, mais voulant quelque chose de spécieux, qui puisse exciter la curiosité des Lecteurs et leur en attirer plusieurs, il ne faut pas s'estonner si l'un est quelquefois obligé de céder à l'autre, pour s'ajuster ensemble, et accorder leurs différens. »

« Or personne ne peut douter que tout l'intérest que peut avoir un Libraire dans l'impression d'un Livre ne soit son intérest propre et particulier, qui est que le Livre dont il entreprend l'impression ait du débit, qu'il ait cours dans le monde, et qu'il ne lui demeure pas sur les bras, renfermé dans un magazin, pour estre rongé des vers et mangé par la poussière, plûtost que dévoré par l'avidité d'un grand nombre de curieux ; comme sans doute il se le promet quand il commence une impression. »

La dédicace de l'ouvrage débute par un rapprochement imprévu :

« Entre toutes les connaissances ausquelles l'Esprit humain se peut appliquer, il n'y en a point qui ayent plus de raport à la Religion que les Mathématiques. Toutes les Sciences se proposent également la recherche de la vérité, mais il n'y a qu'elles seules qui se puissent vanter incontestablement de l'avoir atteinte. En effet, si la Religion, par les lumières surnaturelles de la foy, nous fait jour à ce qui est au-dessus de la portée de nos esprits, les Mathematiques, par le moyen de ce Flambeau intérieur et naturel que Dieu a allumé en nous, et à la faveur des premieres véritez générales qui sautent d'abord aux yeux de tout le monde, nous introduisent dans une longue suite de plusieurs autres véritez, qui en dépendent, et qui ne sont pas moins certaines que leurs principes. »

Rohault (1) a fait aussi un Traité de physique qui a eu plusieurs éditions ; la première est de 1671.

---

(1) Rohault, traité d'hérétique, fut persécuté et obligé à son lit de mort de faire profession de foi de catholicité ; il vivait de 1620 à 1675 ; voyez son Éloge par Fontenelle. — Clerselier était l'éditeur de Descartes.

CHAPITRE XVIII

A quel âge il faut apprendre l'arithmétique et la géométrie. — Études qui conviennent aux femmes.

(Mᵉ Claude Fleury, abbé du Loc-Dieu, 1686).

Traité du choix et de la Méthode des Etudes, par Mᵉ Claude Fleury(1), prêtre, abbé du Loc-Dieu, cydevant précepteur de messeigneurs les princes de Conty. (Edition originale, 1686, 1 vol. in-12. — Autres éditions 1759 et 1829.)

Ce livre renferme des règles remplies de bon sens au sujet de la manière d'élever et d'instruire les enfants.

L'auteur ramène naturellement un peu toutes choses à l'influence de l'église catholique, mais il remarque déjà combien l'on a tort de commencer les études par la grammaire latine, alors que la grammaire française n'est pas encore sue, et ne le sera peut-être pas au bout de huit ou dix ans de collège. « L'aritmétique vient ensuite, et je crois qu'il faut la commencer plus tard, lorsque la raison se forme tout-à-fait, comme à dix ou douze ans. On montrera d'abord au disciple la pratique des quatre grandes règles ; on l'exercera à calculer aux jettons et à la plume, à se servir de toutes sortes de chiffres, à réduire les poids et les mesures les plus

---

(1) L'abbé Fleury vivait de 1640 à 1723. Voyez son Éloge par d'Alembert.

d'usage. Ensuite on passera aux règles plus difficiles, puis on luy montrera les raisons de toutes, et on luy enseignera la science des proportions, selon le loisir et le génie. »

Vers l'âge de quatorze ou quinze ans, la géométrie est aussi très utile parce qu'elle contient les principes de plusieurs arts, et aussi parce qu'elle accoutume à ne pas se contenter des apparences, mais elle serait dangereuse si elle n'était précédée· de la logique, « car c'est de cette logique qu'il faut prendre les grandes règles de l'évidence, de la certitude et de la démonstration, pour ne pas croire qu'il n'y ait que des choses sensibles et imaginables, comme sont les objets de la géométrie que nous connaissons clairement; qu'il n'y ait des raisonemens certains que touchant le raport des angles et des lignes, ou les proportions des nombres ; et qu'il faille chercher en toutes matières la même espèce de certitude. Mais quand on aura fondé ces distinctions et ces règles générales par une bonne logique, la géométrie fournira un grand exercice de définir, de diviser et de raisoner. »

Je reproduis maintenant tout ce que dit l'auteur sur les études des femmes :

« Elles ne doivent ny ignorer la religion, ny y être trop savantes. Comme elles sont pour l'ordinaire portées à la dévotion, si elles ne sont bien instruites elles deviennent aisément superstitieuses. Il est donc très important qu'elles connoissent de bonne heure la religion aussi solide, aussi grande, aussi sérieuse qu'elle est. Mais si elles sont savantes, il est à craindre qu'elles ne veüillent dogmatiser et qu'elles ne donnent dans les nouvelles opinions, s'il s'en trouve de leur temps. Il faut donc se contenter de leur aprendre les dogmes communs, sans entrer·dans la théologie, et

travailler sur tout à la morale : leur inspirant les vér-
tus qui leur conviennent le plus, comme la douceur et
la modestie, la soûmission, l'amour de la retraite,
l'humilité ; et celles dont leur tempérament les éloigne
le plus, comme la force, la fermeté, la patience. Pour
l'esprit, il faut les exercer de bonne heure à penser de
suite et à raisoner solidement sur les sujets ordinaires
qui peuvent être à leur usage ; leur aprenant le plus
essentiel de la logique, sans les charger de grands
mots qui puissent donner matière à la vanité. Pour le
corps, il n'y a guère d'exercices qui leur conviennent,
que de marcher, mais tous les préceptes de santé
que j'ay marquées leur conviennent, et ce sont elles
qui en ont le plus besoin, puis qu'elles sont les
plus sujettes à se flatter en cette matière et à se
faire honneur de leurs maladies et de leurs foiblesses.
La santé et la vigueur des femmes est importante à
tout le monde, puis qu'elles sont les mères des garçons aussi bien que des filles. Il est bon aussi qu'elles
sachent les remèdes les plus faciles des maux ordinaires, car elles sont fort propres à les préparer dans
les maisons et à prendre soin des malades. La grammaire ne consistera, pour elles, qu'à lire et écrire, et
composer correctement en françois une lettre, un mémoire, ou quelque autre pièce à leur usage. L'arithmétique pratique leur suffit, mais elle ne leur est pas
moins nécessaire qu'aux hommes ; et elles ont encore
plus besoin de l'œconomique, puis qu'elles sont destinées à s'y apliquer davantage, au moins à entrer plus
dans le détail. Aussi a-t-on assés de soin de les instruire du ménage, mais il seroit à souhaiter qu'il y
entrât un peu plus de raison et de réflexion pour
remédier à deux maux très-communs, la petitesse d'esprit et l'avarice, dans les femmes ménagères ; et d'un

autre côté la fainéantise et le dédain dans celles qui prétendent au bel esprit. Il serviroit beaucoup de leur faire comprendre de bonne heure que la plus digne occupation d'une femme est le soin de tout le dedans d'une maison, pourvû qu'elle ne fasse pas trop de cas de ce qui ne va qu'à l'intérèt, et qu'elle sache mettre chaque chose en son rang. »

« Quoy que les afaires du dehors regardent principalement les hommes, il est impossible que les femmes n'y ayent souvent part, et quelquesfois elles s'en trouvent entièrement chargées, comme quand elles sont veuves. Il est donc nécessaire de leur aprendre la jurisprudence, telle que je l'ay marquée pour tout le monde, c'est-à-dire qu'elles entendent les termes communs des afaires et qu'elles sachent les grandes maximes, en un mot qu'elles soient capables de prendre conseil. Et cette instruction est d'autant plus nécessaire en France que les femmes ne sont point en tutelle et peuvent avoir de grands biens, dont elles soient les maîtresses absolües. Elles se peuvent passer de tout le reste des études, du latin et des autres langues, de l'histoire, des mathématiques, de la poësie et de toutes les autres curiosités. Elles ne sont point destinées aux emplois qui rendent ces études nécessaires ou utiles, et plusieurs en tireroient de la vanité. Il vaudroit mieux toutefois qu'elles y employassent les heures de leur loisir qu'à lire des romans, à joüer, ou parler de leurs juppes et de leurs rubans. »

CHAPITRE XIX

Les mathématiques modèrent les passions.
Leur introduction à l'université d'Angers.

(Prestet, prêtre, 1689).

Nouveaux élémens des Mathématiques, par Jean Prestet (1),
prêtre, ci-devant professeur des Mathématiques dans les
Universitez d'Angers et de Nantes (1689, 2 vol. in-4°. — La
première édition est de 1675, 1 vol. in-4°).

L'ouvrage est dédié « au souverain seigneur des
sciences, source, père et principe des lumières, et de
toute vérité ».

L'auteur dit dans la préface :

« Je conseille l'étude des Mathématiques.... parceque
plusieurs expériences aussi bien que la raison m'ont
pleinement convaincu qu'elles sont très utiles et même
nécessaires non seulement dans les sciences et dans
les arts, qui en tirent toute leur perfection ; mais aussi
pour donner à l'esprit plus de force et plus d'étendüe,
et même pour régler en quelque sorte les mouvements
du cœur. Car les sens, l'imagination, et les passions
sont les sources générales des erreurs de notre esprit,
et du désordre ou de la corruption de notre cœur. Or
l'étude des mathématiques est très propre pour appren-

---

(1) Prestet (1648 ?-1690) était disciple du P. Malebranche ; il avait
publié son premier ouvrage à vingt-sept ans.

dre à dissiper les illusions des sens, à corriger le dérèglement de l'imagination, et à modérer la fière impétuosité de nos passions. L'esprit et le cœur en deviennent donc plus purs, et mieux disposez à recevoir les véritez et les maximes saintes de la Religion. »

Prestet, qui ne manque pas de bon sens, et dont le savant ouvrage renferme une somme de travail considérable, conseille de faire faire de bonne heure des mathématiques aux enfants : « ils se muniraient contre les préjugés et sçauroient bien mieux se défendre des surprises de l'erreur et de la vrai-semblance. »

Il fut nommé professeur de mathématiques à Angers, en 1681, et prononça à cette occasion un discours dont voici une phrase :

« C'est donc avec beaucoup de sagesse et de maturité que Messieurs les Magistrats d'une si noble Ville ont entrepris l'établissement des Mathématiques. Ils n'ont pû souffrir de les voir négligées plus long-temps dans leur fameuse Université, et tous les membres de ce Corps florissant, trouvant un si beau jour pour se procurer à eux-mêmes un tel avantage, ont souscrit avec autant de joye que de reconnoissance à ce qui s'étoit conclu en leur faveur. Et aussi-tôt on a résolu d'une commune voix de ne plus différer l'exécution d'un dessein qui paroissoit comme inspiré du ciel. »

On trouvera, t. II, p. 411, les considérations les plus intéressantes sur la résolution dés équations des 3e et 4e degrés.

Le P. Prestet eut de son temps la réputation d'un homme éminent : Rolle ne le ménage pas dans son Algèbre (1690) et le considère seulement comme un travailleur sans génie.

Voici comment se fonda, probablement, l'université d'Angers :

En 1229, des écoliers de Paris se rassemblèrent en grand nombre dans un cabaret dont le vin était bon ; ils se prirent de querelle avec le cabaretier, d'où des troubles sérieux. Le prévôt de Paris qui était humilié de prêter serment, lors de son installation, à l'Université ; l'évêque, toujours en lutte de juridiction avec celle-ci ; le légat qui se trouvait par hasard lui être défavorable, se coalisèrent et décidèrent Blanche de Castille à sévir avec vigueur. Le sang coula, il y eut des morts et nombre de blessés, maîtres et élèves quittèrent Paris. La Nation anglaise retourna dans son pays, les Français se fixèrent à Orléans, Angers, Reims, etc., et ce furent des noyaux d'où sortirent les universités. Il y en eut trente en Europe au xv° siècle.

CHAPITRE XX

Résolution sur le jeu de hasard.

(Faite en Sorbonne le 25 juin 1697).

RÉSOLUTION SUR LE JEU DE HASARD, faite en Sorbonne
le 25 juin 1697. — 1 vol. in-12, 1698.

« AVERTISSEMENT. — Cette résolution étoit pour la
Province, et pour une des plus grandes Villes du
Royaume, où les gens de qualité, et plusieurs autres
personnes, joüent jusqu'à l'excès Mais comme ce dérèglement est icy très-commun, et que les Curez ou les
Confesseurs ne sont pas moins embarrassez touchant
la conduite qu'ils doivent tenir à l'égard des joüeurs,
qu'on peut l'être ailleurs ; celuy qui a consulté les
Docteurs, et qui étoit chargé d'envoyer leur résolution
en Province, a jugé à propos de la rendre publique,
afin que l'utilité en fût commune, et qu'en suivant par
tout les mèmes principes, la conduite des Curez et des
Confesseurs se trouvât uniforme. »

« RÉSOLUTION FAITE EN SORBONNE SUR LE JEU. — Une
personne de qualité joüe souvent, laquelle d'ailleurs est
assez réglée. Elle gagne quelquefois des sommes assez
considérables, soit en argent comptant, soit en billets
qu'on luy fait, comme pour argent prêté, dont elle a
un soin exact de se faire payer. Mais comme elle perd

plus souvent qu'elle ne gagne, elle vend une partie de ce qu'elle a, et d'un autre côté fait des emprunts pour fournir à son jeu. »

« Le Curé de la Paroisse de cette personne est venu la voir, et il luy fait un trés grand péché de son jeu, luy dit qu'elle donne du scandale dans son quartier et à tous ceux qui la connoissent, en ce qu'elle reçoit toutes sortes de personnes à joüer dans sa maison ; qu'elle n'est point par conséquent en état de salut, à moins qu'elle ne change de conduite. »

« Cette personne pour se justifier répond :

» Premièrement, qu'elle n'est point de qualité à travailler, qu'elle n'a point d'occupation qui l'empêche de se divertir.

» Secondement, que le jeu n'est point une chose mauvaise, et qu'elle joüe communément avec des gens d'honneur et de condition ; que s'il y a des Loix qui défendent les jeux de hazard, elles sont prescrites, et que l'usage est tel. Ce qui en convaint davantage, c'est que ceux qui les ont faits, ou qui sont préposez pour les maintenir, joüent comme les autres.

» Troisièmement, que les personnes qui viennent joüer chez elle, ou chez qui elle va joüer, sont tous gens choisis ; qu'il s'y trouve des Ecclésiastiques, même distinguez, qui joüent avec les autres dans ces assemblées ou qui y voyent joüer : que s'il y avoit du mal, ils n'y viendroient pas.

» Quatrièmement, que ni ses Confesseurs, ni ceux des personnes avec qui elle joüe, autant qu'elle le peut connoistre, n'en font aucune peine.

» Cinquièmement, qu'on luy fasse connoître, en un mot, par une consultation raisonnée, quel est son peché, et en quoy il consiste ? Car jusqu'à présent elle n'a point crû offenser Dieu si grièvement que l'on prétend.

» *C'est pourquoy l'on prie Messieurs de Sorbonne de vouloir dire leur sentiment sur le Cas cy-dessus ; et si la personne dont il s'agit, qui est une Dame de qualité, peut demeurer en seureté de conscience sans estre obligée de changer à l'égard de son jeu.*

» LE CONSEIL DE CONSCIENCE soûsigné, estime que la personne dont il s'agit, est dans un état de péché et dans un danger de perdre son salut si elle continüe dans la pratique du jeu, où elle a été jusqu'à présent. »

Ce petit livre a 147 pages. Il se termine ainsi :

« Si ..... elle ne veut pas se corriger, on luy refusera l'absolution, ... en luy faisant connoitre que ce grand attachement qu'elle a pour le jeu, ne lui vient point de Dieu, mais purement du malin esprit. *Non Deus dat ludere, sed Diabolus,* dit saint Chrysostome sur saint Mathieu. »

(Suivent dix-sept signatures.)

CHAPITRE XXI

Les mathématiques et le salut de l'âme

(CHARLES DE NEUVEGLISE, prêtre, 1700).

———

L'ÉTUDE DES MATHÉMATIQUES conduit tout droit à la vertu et au salut de l'âme.

« Une des mauvaises dispositions qui soient en nous, et qui est comme la source seconde de tous nos désordres, est l'inclination aux choses sensibles et extérieures. Cette inclination que nous aportons en naissant, venant à se fortifier insensiblement avec l'âge par le commerce de ces choses, devient si grande dans la suite du temps, qu'elle nous ôte presque tout le goût des vérités purement spirituelles, et fait que nous tombons pour l'ordinaire dans une infinité de déréglemens. Or après la grâce Divine et la pratique des vertus Chrétiennes, qui seules sont capables de détruire entièrement une si mauvaise disposition, rien n'est si puissant pour la diminuer et pour nous aprendre à nous défaire des impressions sensibles, modérer la fougue des passions, rappeler nôtre cœur à lui-même, et nous dégoûter des occupations dangereuses, que l'étude de ces sciences. »

« Qui peut douter qu'on ne doive beaucoup plus attendre d'un homme qui s'est toûjours accoutumé aux connoissances abstraites, que de celui qui ne s'est jamais attaché qu'à celles qui passent par les sens. »

« On ne sauroit donc assés recommander aux jeunes gens de s'y appliquer de bonne heure puisqu'elles sont si nécessaires, non seulement à les rendre plus habiles, mais encore à les faire entrer dans l'amour et dans la pratique des vérités qui conduisent au salut. »

Traité méthodique de toutes les Mathématiques, par Mᵉ Charles de NEUVEGLISE, prêtre. Lion, 1700, 2 vol. in-8°.

Ce passage est tiré de la Préface du volume. L'auteur y explique qu'il n'est rien de si pernicieux qu'un livre trop diffus, mais que les abrégés trop succincts ne sont guère meilleurs. Quant à lui, dit-il, il a su éviter ces deux défauts, et « observer par tout une breveté qui n'est ni obscure ny embarrassée ».

CHAPITRE XXII

Les Mathématiques, la Mathématique. — Enseignement de la philosophie dans l'université de Paris.

(Le P. LAMY, de l'Oratoire, 1706).

ENTRETIENS SUR LES SCIENCES, dans lesquels on apprend comme l'on doit étudier les sciences, et s'en servir pour avoir l'esprit juste et le cœur droit (Troisième édition, 1706 (1), in-12).

« ... Ceux qui sont exercez dans la Géométrie sont beaucoup plus exacts et plus capable d'une attention forte, et sans parler des Arts, qui ne peuvent se passer du secours des Mathématiques, cette Science a été nécessaire à la Religion pour célébrer les Fêtes, selon les apparences et les mouvemens des Astres, dans le tems que Dieu avoit ordonné. Aussi les Pères l'ont loüée : l'Ecriture parle avec éloge de cette Science que Moïse avoit apprise des Egyptiens et Daniel des Chaldéens... »

Il faut s'appliquer à considérer des véritez claires, et à épuiser toutes leurs conséquences. « Il n'y a point

---

(1) La première édition de cet ouvrage est de 1684 : nous aurons à reparler du P. Lamy. Quoique J.-J. Rousseau n'ait jamais entendu grand'chose aux mathématiques, nous reproduisons ce qu'il en dit dans ses *Confessions*, car il donne sans doute plutôt l'opinion de ses contemporains que la sienne propre. « Je ne goûtai pas la marche d'Euclide, qui cherche plutôt la chaîne des démonstrations que la liaison des idées : je préférai la géométrie du P. Lami, qui dès lors devint un de mes auteurs favoris. »

d'Etude plus propre pour ces exercices que la Géométrie et les autres parties de Mathématique. Les véritez
qu'elles enseignent sont simples et claires. Les Mathématiciens aportent incomparablement plus de soin et
d'exactitude pour déduire des premières véritez toutes
leurs suites et leurs conséquences, de sorte que la
Géométrie fournit des modèles de clarté et d'ordre, et
que sans donner des règles du raisonnement, ce qui
appartient à la Logique, elle acoûtume l'esprit insensiblement à bien raisonner. Presque toute autre Etude
gâte un esprit qui a déjà quelque foible. Car premièrement les Langues ne remplissent la mémoire que de
sons et ceux qui en font leur principale Etude prennent
insensiblement l'habitude de ne s'attacher qu'à des
mots. Cette grande diversité de choses qu'un Homme
docte ramasse dans sa tête le rend distrait, il ne peut
se donner tout entier à la vûë d'une vérité : mille choses
se présentent en foule qui le confondent ; aussi vous
voïez ordinairement qu'il s'égare dans ses ouvrages,
qu'il quite le fil de son raisonnement pour faire quelque
remarque sçavante, qui le jette lui et son Lecteur hors
du sujet. L'Histoire est un ramas des sotises des
Hommes aussi bien que de leurs vertus. Qu'arrive-t-il
donc à une personne qui s'en remplit, sans digérer
toutes ces choses par une solidité de jugement qu'il n'a
point encore aquis ? Elles causent dans son esprit
comme des indigestions et des mauvaises humeurs qui
le corrompent. Ces connoissances ne lui donnent au
cune juste idée du bien et du mal : tout lui paroit bon
ou mauvais selon que sa mémoire lui fournit des
exemples de diférens faits que les Historiens raportent.
Le mauvais usage de la Science est encore plus remarquable dans ce qui regarde la Religion, et il est plus
dangereux... »

« Ce n'est pas être raisonnable et avoir l'esprit fort
juste que d'être exact dans une démonstration de Géométrie et de suivre pour en venir à bout les règles du
bon sens, lorsque l'on ne sçait ce que c'est que d'écouter la raison dans la conduite de ses mœurs. C'est peu
de chose de se prévenir l'esprit de principes justes qui
sont le fondement des Sciences, si en même-tems l'on
ne munit de maximes saintes et raisonnables pour se
fortifier contre la corruption du Siècle. L'on trouve encore des Sçavans qui raisonnent assés juste dans les
Sciences, mais il n'y a presque personne qui ait des
idées raisonnables des choses du monde, qui en fasse
l'estime ou le mépris qu'elles méritent, qui sçache
l'usage que l'on doit faire des Créatures et comment il
faut régler les mouvemens de nôtre âme à leur égard... »

« Les Grammaires qu'on met entre les mains des
Enfans doivent être dans la Langue qui leur est connuë, c'est-à-dire en François pour les Collèges de
France : car enfin c'est entreprendre de chasser les
ténèbres par les ténèbres que de se servir de Grammaires latines pour leur faire aprendre le Latin... Je
crois même qu'on devroit commencer les premières
Etudes des enfans par leur enseigner une Grammaire
Françoise qui fût courte... »

« Les Mathématiques ont pour objet la grandeur,
c'est-à-dire tout ce qui peut être augmenté ou diminué. »
On cherche d'abord à faire les quatre opérations, addition, soustraction, multiplication, division et de là déjà
on tire une foule de conséquences importantes. « Ensuite on considère ce qu'une grandeur est au regard
d'une autre, si elle est ou plus petite ou plus grande, et
de quelle manière l'une contient ou est contenüe dans
l'autre. En faisant cette recherche on dévelope les idées
des proportions, qui sont presque naturelles, et comme

des semences fécondes d'une infinité de véritez importantes dans toutes les Sciences. De sorte que l'on peut regarder cette première Etude de la grandeur en général non seulement comme les élémens des Mathématiques mais encore de toutes les Sciences; car par ce mot de grandeur on peut entendre non seulement les corps, mais encore le mouvement, les sons qui ne sont que des mouvemens de l'air, le tems, et généralement tout ce qui peut être augmenté ou diminué. Aussi c'est avec raison qu'on apelle cette partie *la Mathématique universelle* ou la clef des Mathématiques. Je ne conçoi rien dans les Sciences d'un plus grand usage : elle comprend l'Arithmétique et ce qu'on nomme Algèbre... »

« On est convaincu à présent qu'il est nécessaire d'être bon Mathématicien pour être bon philosophe. La Phisique ou la Science du corps ne se peut guère traiter solidement qu'après que l'on a connu la nature et les règles du mouvement. La Science du mouvement n'avoit point été connuë avant Galilée : les Philosophes n'en proposoient que des questions peu importantes. »

Les professeurs de philosophie, quelquefois jeunes et inexpérimentés, agiraient sagement, au lieu de donner des écrits de leur façon, en faisant lire à leurs disciples quelques livres de philosophie, choisis avec soin parmi les meilleurs : eux-mêmes en profiteraient. Maintenant « on oblige les Professeurs de n'enseigner que la Philosophie ancienne, et l'usage veut que dans les Ecoles publiques on donne des écrits. L'on croit que cela atache les Ecoliers, qui prennent plaisir d'avoir des caïers écrits de leur main ». D'autre part, « si on ne peut arrêter les Ecoliers qu'en les faisant écrire, il y en a un moïen. Quoi qu'on leur mette des Livres imprimez entre les mains, les Professeurs dans

chaque leçon peuvent emploïer un temps à dicter
quelque éclaircissement sur ces Livres. Ils peuvent
traiter avec plus d'étenduë les questions sur lesquelles
ils veulent déterminer leurs Disciples, et leur faire
prendre parti, leur proposant les objections qu'on peut
faire à la doctrine qu'ils voudront soûtenir dans les
Actes publics, avec leurs réponses. C'étoit là l'ancienne
manière de professer dans l'Ecole de Paris, qui a été la
première et la plus considérable des Ecoles Chrétiennes. Avant ces derniers Siècles on n'y dictoit que
très-peu d'écrits ; quand la Philosophie d'Aristote y
fut introduite dans le treizième Siècle, on y lisoit les
écrits de ce Philosophe ; ensuite les Maîtres commen-
cèrent à donner des écrits, non pour y comprendre
toute la Philosophie, mais seulement pour disposer
les esprits par des questions qu'ils apelloient Prolé-
gomènes, et pour éclairer certaines dificultez sur lesquelles ils disputoient publiquement. Ces écrits ensuite
aïant été trop étendus, l'on s'oposa à cette méchante
manière qui s'introduisoit. Le Père Possevin Jésuite
remarque que l'an 1355(1) on réforma la manière d'enseigner de l'Université de Paris, et qu'il fut défendu
aux Professeurs d'emploïer le temps de leurs leçons à
faire écrire leurs Ecoliers ; que cent ans après le Cardinal d'Estouville, Légat du Saint-Siège, obligea les
Professeurs de cette Université de faire lire les anciens
Philosophes et de les expliquer. Néanmoins le mal a
prévalu et il est arrivé dans la suite des tems que cet
accessoire de la Philosophie l'a emporté sur le principal : l'on a négligé le fond de la Philosophie et l'on ne
s'est apliqué qu'à de certaines questions pour ainsi

(1) Cette année en effet un statut de l'Université défend aux professeurs
ès arts de dicter.

MAUPIN. Curiosités mathématiques. 7

dire étrangères, par exemple, si la Logique est une science, quel est son objet, etc. L'on n'y traite presque plus rien de ce qu'Aristote a enseigné dans les excellens Ouvrages qu'il a fait de Logique... On remédieroit à ce mal en rétablissant la lecture des bons Auteurs imprimez que les Professeurs accompagneroient de leurs observations » ; et il serait aussi bien nécessaire d'enseigner enfin l'Histoire de la Philosophie.

CHAPITRE XXIII

La contrefaçon des livres de Paris en 1706.

(JEAN RICHARD).

AVERTISSEMENT SUR LES CONTREFAISEURS DE LIVRES

« Il n'y a guères plus de soixante et dix ans qu'on s'est donné en France la liberté de contrefaire des Livres. Avant ce temps chacun recüeilloit en paix le petit fruit de son travail. Les Nations étrangères gardent même encore aujourd'huy entre elles cette espèce d'équité et de bonne foy de ne pas contrefaire les ouvrages de leurs compatriotes : et il est par là fort étrange de voir que dans le plus florissant et le mieux policé de tous les Roïaumes on viole sans scrupule ce droit commun si religieusement observé par d'autres peuples. »

« Malgré plus de vingt arrêts du Conseil d'état rendus en différents temps, malgré l'exactitude et la vigilance des premiers Ministres et des Magistrats subalternes, malgré les Règlemens de librairie et imprimerie, malgré la sévérité des peines portées dans les Privilèges, l'avidité et la désobéissance de plusieurs particuliers l'ont emporté sur toutes ces considérations. »

« Un fameux docteur en Théologie (1), et prédicateur

---

(1) « M. de Bessé dans sa préface au 2ᵉ tome des Conceptions théologiques sur toutes les fêtes de l'année. » Pierre Bessé, prédicateur de Louis XIII, est mort en 1639.

ordinaire du Roy a été de son temps le premier qui s'en est plaint. — J'ai eu, dit-il, le déplaisir de voir mon ouvrage contrefait, les beaux caractères de Paris changez en méchantes petites lettres, le fin papier en broüillats, de nettes corrections en fatras, piétreries et besognes de village. Quelques chétifs Imprimeurs me causent cette affliction et font ce tort au public, gâtant, broüillant et confondant toutes choses : ils ne sont portez qu'à faire leurs affaires et remplir sordidement leurs bourses. Ce sont, ajoûte-t-il, des monnoïes étrangères, étoffes à faux teint, marchandises suspectes et vieux haillons de fripperie. Il n'y a point d'honneur à s'en servir ni de plaisir à en avoir seulement la veuë. »

« L'Auteur des Discours moraux et de ce Dictionnaire dont voici le troisième tome a raison de se plaindre de cette injustice. Dans la seule ville de Lion on a si souvent contrefait ses Discours moraux, ses Prônes sur l'Avent, le Carème, etc., ses Eloges historiques et ce Dictionnaire, qu'il s'en est distribué dans le Roïaume et chés les étrangers près de cent mille exemplaires. Quelle douleur de voir par là des fautes multipliées à l'infini par des mots tantôt effacés qu'on ne peut lire, tantôt oubliés qui rompent la suite du discours, tantôt changez qui renversent la phrase et font de pitoïables contresens ! Les virgules, les points d'interrogation, les parenthèses y sont négligées ou transposées ; ce qui doit être mis en lettres italiques est mis en lettres romaines et le caractère romain changé en italique, lettres et caractères si usez qu'on n'y connoît presque rien. Faut-il s'en étonner ? les livres qu'ils vendent durent encore trop entre les mains de ceux qui les achettent. »

« Dans plusieurs de ces Discours il y a des paroles de l'Ecriture sainte et des pensées des Pères traduites du latin qu'on n'a pas mis dans le texte, mais dans les marges chargées de fort longs passages avec les endroits dont ils ont été tirés. Comme les paroles originales ont une beauté et une onction toute particulière, on n'a pas voulu en frustrer le public, ny épargner la dépense du bon papier et des caractères neufs : mais les contrefaiseurs n'y regardent pas de si près, les marges de leurs livres sont si étroites et les extrémités du papier si minces qu'elles ne peuvent supporter ces additions. »

« A les entendre néanmoins ils rendent service au public en donnant à bon marché des livres qu'on vend fort cher à Paris. Ils rendent service au public, qu'ils disent donc que les charlatans lui en rendent, en donnant presque pour rien des drogues altérées dont les marchands qui en donnent de bonne exigent un juste prix ! Qu'ils disent donc que de faux monnoïeurs lui en rendent en couvrant d'une trompeuse superficie un vil métal marqué au coin du Prince et portant son image ! »

« Ils rendent service au public : d'où vient donc que ceux qui ont acheté de ces livres contrefaits se plaignent que les citations, les passages et les tables des matières y sont souvent supprimées ; que le papier est si mauvais, si bis et si peu collé qu'on ne peut à la fin s'en servir ? D'un côté on lit dans les privilèges que le Roi les accorde à condition *que les livres seront imprimez sur de bon papier et en beau caractère, à peine de nullité*; et d'un autre côté on y remarque tout le contraire, par une contravention d'autant plus grande qu'ils ont l'audace de mettre ces privilèges et ces clauses dont l'infraction les condamne. »

« Si ces contrefaiseurs n'imprimoient que les ouvrages sans qu'on y vid les privilèges, les Etrangers croiroient que pour faire argent de tout on tolère des impressions

dont le papier ne pourroit servir qu'à celle des alcma-
nachs ou des chansons ; mais quand ils voyent tout au
long des priviléges où S. M. ordonne expressément
que *les Livres seront imprimez sur de bon papier et en
beau caractère à peine de nullité,* que peuvent-ils dire
d'une si visible et si criante prévarication ? »

« Ils rendent service au public : pourquoi donc se
cachent-ils ? Pourquoi à la faveur de la nuit et du secret prennent-ils tant de précautions ? Quelle récompense, au contraire, ne mériteraient pas des gens si
zélez pour le bien public, pour la gloire des belles-
lettres et de leur patrie ? Gens si humbles, qu'ils cachent
avec une inconcevable inquiétude leur officieuse géné-
rosité jusqu'à se méfier les uns des autres, jusqu'à
craindre que leur main gauche ne sache ou ne révèle ce
que fait la droite ! Gens si désintéressez, que quand on
leur saisit des livres qu'ils ont fourrez ou dans des balles
d'épicerie, ou dans des bottes de paille, ou sous l'inscription de vieilles hardes, ils les abandonnent sans les
réclamer comme s'ils ignoroient ce que c'est ! O que le
public leur est obligé ! »

« Mais, disent-ils, les livres de Paris se vendent trop
cher, et cette cherté empêche beaucoup de pauvres
ecclésiastiques et religieux d'en achetter. A cela trois
réponses :

» Première réponse. — Cette cherté vient en partie
d'eux et ils doivent se l'imputer. S'ils ne contrefaisoient
pas les livres de leurs confrères, on en vendroit
davantage, et tel libraire qui auroit gagné sur une édition se relâcheroit du prix sur les autres.

» Seconde réponse. — La cherté des livres ne leur
donne aucun droit de les contrefaire. Est-il permis de
mettre la faucille dans la moisson de son voisin, à
cause qu'il vend cher le grain qu'il a semé et qu'un

avide glaneur, à- qui il n'a coûté ni peine ni semence, donneroit à meilleur marché? Ils trouvent des livres tout corrigez et en bon état, les frais des copies et des impressions sont faits, le champ' est bien cultivé, la moisson toute prête : et se jettans sur les ouvrages de ceux qui en ont obtenu les Privilèges qui leur tiennent lieu d'héritage et de fonds, ne peut-on pas les accuser de prévarication à leurs Statuts, d'injustice envers le prochain, de contravention aux grâces du Prince?

» Troisième réponse. — Ils gagnent plus en donnant à bon marché les livres qu'ils contrefont, que les libraires de Paris qui les vendent plus cher. 1. Parce que pour une édition ou deux qui se vendront à Paris ils en feront neuf et dix : les gains par conséquent se multiplient. 2. Parce que le papier qui a coûté six à sept livres la rame ne leur revient qu'à quarante sols; chaque feuille d'impression d'un *in octavo*, qui coûte seize ou dix-huit livres quand les marges sont extraordinairement chargées de citations, ne leur coûte au plus que cent sols; en sorte qu'un exemplaire qui avec l'achat de la copie et les autres frais reviendra à trente-cinq sols en blanc ne leur revient qu'à huit ou neuf. Tirans donc de certains livres un grand nombre d'exemplaires, et les imprimant plusieurs fois, il est aisé de voir le gain qu'ils font, tandis qu'à cause de leur contrefaction à peine en vend-on à Paris une édition en deux ou trois ans.»

Préface du tome troisième de *La Science universelle de la chaire ou Dictionnaire moral*(1), 5 vol. in-8°.

(1) Cet ouvrage est de Jean Richard, moraliste, né à Verdun en 1638, mort en 1719. « Il se fit recevoir avocat à Orléans, plutôt pour avoir un titre que pour en exercer les fonctions. Quoique laïc et marié, il choisit un genre d'occupations peu commun dans cet état : il prêcha toute sa vie, non dans les chaires, mais par écrits, et ce qui est digne de remarque, il prêcha solidement. » (*Biographie.*)

CHAPITRE XXIV

Essai de quadrature du cercle par la courbe de Dinostrate.

(REMY BAUDEMONT, de Reims, 1712).

LA GRANDE ET FAMEUSE DÉCOUVERTE DE LA QUADRATURE DU CERCLE,
utile et nécessaire aux Navigateurs, par Remy Baudemont,
Mathématicien. — Rouen, 1712, petit in-8°.

« *A Messieurs les Lieutenant, Gens du Conseil et Echevins de la ville de Reims.* »

« Messieurs, après avoir porté mes premiers hommages
au pied du Trône de la Majesté Divine, source inépuisable de toutes nos lumières, en lui soumettant cette
production de mon esprit; après m'estre adressé au plus
sçavant et plus éclairé Prince du monde pour en juger,
et par là satisfait à ce que j'ai crû devoir au Roy du
Ciel et aux Princes de la Terre; il est juste que pour ne
pas m'écarter d'un si bel ordre et honorer la Ville dont
j'ai l'avantage d'estre Citoyen, et que vous gouvernez
avec tant de sagesse, je vienne aussi à dessein de concourir à sa gloire vous offrir ce fruit de mon Travail.
J'entreprens, Messieurs, d'y tirer le rideau sur une
vérité qui jusqu'icy estoit demeurée voilée aux yeux de
toute la docte et curieuse antiquité; c'est le fameux
Enigme de la Quadrature du Cercle. Supposé que j'aye
réüssi à dissiper les ombres qui l'environnent depuis

tant de siècles, comme l'évidence de la raison me le persuade, et comme les plus habiles qui ont examiné mon Ouvrage en conviennent : combien de Villes célèbres dans le sein desquelles sont nés les grands Hommes qui ont tenté inutilement d'expliquer ce Problème, seront jalouses de l'honneur que la vôtre et si ancienne et si renommée d'ailleurs en pourra recevoir ?... »

PRÉFACE

« De toutes les Sciences humaines dont le Créateur a doüé l'entendement des hommes, il n'en est pas qui satisfasse plus pleinement l'esprit que les Mathématiques ; la certitude des règles qu'elles prescrivent sont les plus puissans apas qui l'attirent à les connoître. Aussi voyons-nous que malgré les épines dont elles sont entourées, elles ne laissent pas de trouver un fort grand nombre de Sectateurs ; mais sur tout parmi les Princes et les Grands du monde qui veulent devenir Mathématiciens charmez de la beauté de ces admirables connoissances, parce que non-seulement elles ouvrent l'esprit, le rendent juste et pénétrant, mais elles leurs fournissent encore des règles certaines pour l'exécution de leurs grands desseins. »

« A peine peut-on seulement faire un pas dans les autres sciences sans crainte de se tromper ; mais il n'en est pas ainsi des Mathématiques, la lumière qu'elles nous présentent n'est pas sujette à s'éteindre, elle brille toûjours à nos yeux et nous conduit d'un pas assûré jusques dans le puits de la vérité. Jamais Circé n'eut plus de pouvoir sur son Ulisse que cette merveilleuse science en a eu sur l'esprit quand il en a une fois surmonté les premières difficultés... »

« Dinostrate (1)... partagea la circonférence d'un quart de cercle en autant de parties égales que le rayon, et il mena des rayons par tous les points de division de cette circonférence et des parallèles à l'autre rayon par tous les points de division du premier, de l'extrémité duquel il commença une ligne courbe, la continuant par l'intersection de la première parallèle et du second rayon, de la seconde parallèle et du troisième rayon, et ainsi de suite. Puis il démontra que la base de cette courbe est au rayon, comme le rayon est au quart de la circonférence. »

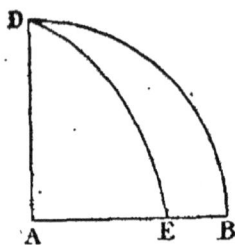

Fig. 10.

Ce théorème est vrai, et si on prend un quart de cercle DAB, que DE soit l'arc de quadratrice dont il est parlé; si on suppose $AB = 1$, on a $AE = \dfrac{2}{\pi}$.

Ainsi, comme le remarque l'auteur, la quadrature du cercle revient à déterminer géométriquement le point E.. De fausses apparences lui font démontrer que la surface du cercle tangent au premier en D et passant en E est à celle du premier comme 1 est à 2. Cela est inexact, le théorème du carré de l'hypoténuse suffit pour trouver le rayon du nouveau cercle, qui est $\dfrac{1}{2} + \dfrac{2}{\pi^2}$ et le rapport, présumé égal à $\dfrac{1}{2}$, est ainsi égal à $\left(\dfrac{1}{2} + \dfrac{2}{\pi^2}\right)^2$.

Si toutefois on supposait ces deux rapports égaux, en en tirerait pour π la valeur peu approchée

$$\pi = 2\sqrt{1 + \sqrt{2}.}$$

_____

(1) Dinostrate, élève de Platon, vivait vers 400 av. J.-C.

AU LECTEUR

Dois-je avant de résoudre un si fameux Problème,
Me fraïant un chemin à la gloire suprème,
Marquer ici les noms de mes vains Concurrents?
Non sans doute, et je hais cet indigne artifice.
J'attends de toy, Lecteur, une entière justice,
Sans briguer ton estime aux dépens des Sçavans.

CHAPITRE XXV

Problèmes curieux sur les combinaisons.

(OZANAM, 1725).

PROBLÈME DÉDIÉ AUX ENFANTS DE CHŒUR

« Après avoir fait attention à ce que l'on vient de dire (1), on n'aura point de peine à croire que huit Enfans de Chœur puissent tellement changer de place au Chœur trois fois par jour, à Matines, à la Messe et à Vespres, qu'ils seroient environ 37 ans à achever ces changemens différens. Il est vrai que c'est une chose surprenante ; mais il est constant que huit choses peuvent recevoir quarante mille trois cens vingt changemens ; et comme il s'en feroit trois par jour, si on divise 40320 par 3, on aura 13440 jours, qui font près de 37 ans, pendant lesquels il faudroit faire chaque jour trois changemens. »

LES DOUZE APÔTRES ET L'HUMILITÉ CHRÉTIENNE

« Les douze Apôtres ayant disputé qui d'entr'eux seroit le premier, Jésus-Christ leur déclara que celui

---

(1) L'auteur a dressé le tableau des permutations de 1, 2, 3...., 25 objets, et expliqué que 7 personnes peuvent se placer autour d'une table de 5040 manières distinctes.

qui voudroit être le premier seroit le dernier, et que le dernier deviendroit le premier. Supposons qu'après cette leçon d'humilité chacun voulût céder la première place, la seconde et la troisième place à son compagnon, et qu'ainsi ils eussent résolu de ne demeurer jamais ensemble dans une même disposition, on demande en combien de manières ils auraient pû changer de place, en sorte qu'ils ne se fussent jamais rencontrez les uns à l'égard des autres dans la même situation. *Réponse* : ils auroient pû changer en quatre cens soixante dix-neuf millions mille six cens manières différentes. »

« Si l'on suppose que les onze Apôtres eussent toûjours observé de laisser la première place à saint Pierre, ils auroient pû changer de place en trente-neuf millions neuf cens seize mille huit cens manières différentes. »

LES VERTUS PROLIFIQUES DE LA TRUIE

« Qui croira que les revenus du Grand Seigneur ne seroient pas capables de nourrir pendant douze ans la race d'une Truye, qui auroit porté d'une ventrée 6 petits cochons, dont deux seroient mâles et les quatre autres femelles. C'est cependant une chose très véritable, en supposant même que les quatre femelles ne portent chacune la première année que six petits cochons, dont 4 seront encore femelles et 2 mâles, et que chaque femelle en porte autant les années suivantes pendant douze ans. Cela supposé, on connoîtra que le nombre de tous les cochons pendant ce temps montera à 33 millions 554 mille 230. Supposant à présent qu'il ne faille qu'un écu par an pour chaque cochon,

on jugera si le Grand Seigneur est assez puissant pour
nourrir la race d'une seule Truye pendant douze ans. »

« *Remarque.* — Il y a une attention à faire sur le calcul de cette somme. Il faut partager le nombre 6 des
premiers petits cochons en deux termes, dont l'un, qui
est 2, sera le premier terme de la Progression des
mâles, et l'autre, qui est 4, sera le premier terme de la
Progression des femelles. Ainsi il sera aisé de connoître
que la première Progression est 2, 8, 32, 128, etc., et
que la seconde est 4, 16, 64, 256, etc. On ajoûtera les
sommes des 12 termes de ces deux Progressions, et l'on
aura le nombre des petits cochons, tant mâles que
femelles. »

Le résultat indiqué est inexact, il faut lire 33 554 430
cochons, et même 33 554 431 avec la truie mère.

COMME QUOI LES RONDES DE NUIT SONT UTILES
DANS UN COUVENT

« Des Religieuses sont retirées en huit Cellules tellement disposées, qu'il y en a quatre dans les quatre
coins du Dortoir bâti en quarré, et chacune des quatre
autres est au milieu de chaque côté. L'Abbesse, qu'on
suppose aveugle, fait sa visite : elle compte le nombre
des Religieuses qui sont dans les trois Cellules d'un
rang ; elle trouve que le nombre des Religieuses d'un
rang est égal à celui de chaque autre rang, en prenant
pour un rang deux Cellules des coins et celle du milieu.
Cette Abbesse fait une seconde visite, et compte dans
chaque rang le même nombre de personnes que dans
la première visite, quoi qu'il y soit entré quatre hommes.
Enfin dans la troisième visite qu'elle fait, elle trouve
encore dans chaque rang le même nombre de per-

sonnes qu'auparavant, quoique les quatre hommes soient sortis, et qu'ils ayent emmené chacun une Religieuse. »·

« Je suppose qu'il y ait d'abord trois Religieuses dans chaque Cellule. L'Abbesse en comptera neuf à chaque rang dans la première visite qu'elle fera. Si ensuite une Religieuse sort de chaque Cellule du coin pour entrer avec un homme dans la Cellule du milieu, qui est à sa

3	3	3
3		3
3	3	3

2	5	2
5		5
2	5	2

4	1	4
1		1
4	1	4

1	7	1
7		7
1	7	1

Fig. 11.

gauche, l'Abbesse faisant sa seconde visite, trouvera encore neuf personnes dans chaque rang du Dortoir, Enfin si chaque homme (qui était enfermé dans la cellule du milieu) emmène sa Religieuse, et que deux Religieuses sortant de chaque Cellule du milieu, entrent dans l'une des Cellules des coins qui est à leur droite, l'Abbesse comptera dans une troisième visite neuf personnes à chaque rang du Dortoir. »

« *Remarques.* — On peut aisément exécuter ce Problème avec des jettons, et le pousser plus loin, en faisant faire une quatrième visite à l'Abbesse, qui trouvera toùjours neuf personnes à chaque rang du Dor-

toir, quoique chaque Religieuse, qui était sortie avec
un homme, soit rentrée avec deux hommes avant cette
quatrième visite. Il faut faire passer de chaque Cellule
du coin trois Religieuses dans la Cellule du milieu, où
elles entreront avec leur Compagne, qui y amènera
deux hommes. »

« Ces Figures feront connoître sensiblement ce qu'il
y a à faire pour la solution de ce Problème (1). »

Récréations mathématiques et physiques par feu
M. Ozanam, nouvelle édition, 1725, 4 vol. in-8°. — Autre
édition augmentée, 1778, etc.

---

(1) Comparer à *Bachet,* Supplément aux problèmes plaisants et délectables,
prob. VI, p. 189 (Édition de 1874).
  Ozanam vivait de 1640 à 1717. Ses Récréations ont paru en 1694 : « Dans
les temps de paix, où Paris étoit plein d'étrangers, les mathématiques lui
faisoient un bon revenu, mais il diminuoit fort pendant la guerre et les
François y suppléoient peu, parce qu'il les avoit éloignez de lui en se livrant
aux étrangers... Il employoit ces temps de repos à composer ses ouvrages. »
(Nicéron.)

CHAPITRE XXVI

Danger social de l'éducation monastique. — Inconvénients de l'enseignement des collèges. — Nécessité de commencer tôt l'étude des mathématiques.

(LA CHALOTAIS, 1763).

ESSAI D'ÉDUCATION NATIONALE, ou plan d'études pour la jeunesse, par Messire Louis-René de Caradeuc de la Chalotais (1), procureur-général du Roi au Parlement de Bretagne (1763, in-12).

« ... Notre éducation se ressent par-tout de la barbarie des siècles passés, où l'on ne faisoit étudier que ceux que l'on destinoit à la Cléricature ; où l'on n'avoit de livres que ceux qui étoient copiés par des Moines ; où l'on étoit obligé d'envoyer à Rome (2) pour faire transcrire les ouvrages de Cicéron ; où les Nobles sçavoient à peine lire et écrire ; où les guerres et les pillages rendoient les livres si rares et les études si difficiles ; où il n'y avoit d'Ecoles que dans les Cathédrales et dans les Monastères. La langue maternelle des François n'étoit alors qu'un jargon informe et

---

(1) La Chalotais, né à Rennes, vivait de 1701 à 1785. Il eut avec le duc d'Aiguillon des démêlés fameux, amenés par une lettre imprudente, où il raconte qu'à la bataille de Saint-Cast « notre commandant a vu l'action d'un moulin à vent où il s'est couvert de farine en guise de lauriers » (*Biographie.*)

(2) Loup, abbé de Ferrières (805 ?-865 ?) avait envoyé à Rome un émissaire chargé d'emprunter du pape et de copier les ouvrages de Cicéron. Il était disciple de Raban, qui a composé le Veni Creator.

incertain : un Latin barbare s'étoit emparé des Ordonnances, des Chartres des Rois, des Arrêts des Cours Souveraines. La Philosophie se réduisoit à disputer sur les livres d'Aristote; la Morale n'instruisoit point l'homme de ses devoirs; la Physique ne rapportoit qu'à des causes chimériques des effets qu'on ne songeoit pas même à observer. A la place de l'Astronomie et de l'Histoire naturelle, régnoient des Fables qui amenoient les délires de l'Astrologie et des pratiques superstitieuses de Médecine. La Théologie et la Jurisprudence n'aboutissoient qu'à des disputes d'Écoles, ou à des opinions de Docteurs, parce qu'on abandonnoit les textes, faute de critique, pour s'en rapporter à des sommaires ou à des gloses. »

« Si l'on voit des vertus sublimes et des talens éminens briller au milieu des ténèbres de ces siècles d'ignorance, c'est par un effort de la nature seule, et qu'elle ne fait que rarement. Quels hommes qu'un Abbé Suger, un Bertrand du Guesclin, un Barbasan (1), un Bayard, et dans les tems moins reculés, un Connétable de Montmorenci, un Colbert, qui n'avoient pas étudié! Qu'on ne s'en étonne pas; les idées d'honneur et de vertus prédominent dans les âmes supérieures, et les sentimens sont bien au dessus des connoissances acquises : il doit paroître plus étonnant encore qu'on ait fait des découvertes du premier ordre dans ces tems de barbarie. Elles ont été le fruit du génie, dont le caractère propre est de percer les ténèbres les plus épaisses, et de s'élever même au dessus des siècles éclairés. La meilleure culture de l'esprit ne peut donner le génie, mais on doit tâcher au moins d'établir une éducation qui ne l'étouffe pas. »

_____

(1) Barbasan, le Chevalier sans Reproche, est mort en 1432.

« Au renouvellement des lettres et des sciences, les té-nèbres qui couvroient l'Europe depuis si long-temps, disparurent; l'Imprimerie fut inventée, des Colléges furent fondés, l'émulation fut excitée, et on eut honte d'être ignorant; mais l'éducation fut trop-concentrée dans les Colléges, et elle est restée presque toute scholastique. »

« Les lettres ne sont qu'une partie de l'institution d'une Nation, l'institution a des vues plus étendues : elle est pour un Etat ce qu'est l'éducation pour les Particuliers. Son objet est de rendre une nation plus éclairée en tout genre, et par conséquent plus florissante. »

« Les lettres sont à la fois la nourriture des esprits, l'instruction et l'ornement du monde. Platon et Cicéron, qui ont instruit leurs contemporains, éclairent encore aujourd'hui l'univers; et la postérité la plus reculée profitera de leurs leçons. On doit regarder les lettres dans un Etat, comme la source et l'appui des vertus humaines et civiles. Malheur aux Nations chez qui l'amour des lettres viendroit à s'éteindre ! »

« Elles ont reçu en France les témoignages les plus éclatans de la protection de nos Rois, et les établissemens qu'ils ont faits pour assurer toute espèce d'instruction eussent été le fondement le plus solide de la prospérité publique, -si la première institution de la jeunesse eût été bien dirigée. Les Universités, les Académies, les Chaires de Langue, les Ecoles d'hydrographie, tout sembloit concourir à former des Citoyens distingués dans tous les genres. Le Monarque qui nous gouverne, a encouragé les sciences, et a excité l'émulation en envoyant des Observateurs au Nord, à l'Equateur, au Cap de Bonne-Espérance, en fondant une Ecole Militaire ; mais malheureusement des secours si précieux ne sont offerts qu'en sous-ordre, si j'ose m'exprimer ainsi. La première institution nationale est demeurée la même, et on y a tout asservi : elle est restreinte par-tout à l'éducation des Collèges ; et cette éducation a été bornée à l'étude de la langue Latine. On n'acquiert dans la plupart des Collèges aucune connoissance de notre langue ; on n'y apprend qu'une Philosophie abstraite qui ne peut être d'aucun usage dans le cours de la vie ; qui ne renferme ni les principes de Morale nécessaires pour se bien conduire dans la société, ni rien de ce qu'il importe de sçavoir, étant homme. La Religion n'y est pas enseignée avec plus de soin ; en sorte que la jeunesse quitte le Collège sans avoir presque rien appris qui puisse lui servir dans les différentes professions. »

« J'en appelle à l'expérience et au témoignage de la Nation, de ceux même qui par préjugé soutiendroient la méthode ordinaire. Les connoissances que l'on acquiert au Collège, peuvent-elles s'appeller des connoissances ? Que sçait-on après dix années qu'on emploie, soit à se préparer à y entrer, soit à se fatiguer dans le cours des différentes classes ? Sçait-on même la seule chose qu'on y a étudiée, les langues, qui ne sont que des instrumens pour frayer la route des sciences ? A l'exception d'un peu de Latin qu'il faut étudier de nouveau, si l'on veut faire quelque usage de cette langue, la jeunesse est intéressée à oublier, en entrant dans le monde, presque tout ce que ses prétendus Instituteurs lui ont appris. Est-ce là le fruit que la Nation devroit tirer de dix années du travail le plus assidu ? »

« Sur mille Etudians qui ont fait ce qu'on appelle leur cours d'Humanités et de Philosophie, à peine en trou-

veroit-on dix qui fussent en état d'exposer clairement
et avec intelligence les premiers élémens de la Religion, qui sçussent écrire une lettre, qui pussent discerner habituellement une bonne raison d'une mauvaise, un fait prouvé de celui qui ne l'est pas. »

« Les Grecs et les Romains plus sages que nous et
plus vigilans sur un objet aussi important que l'éducation, ne l'avoient pas abandonnée à des hommes qui
eussent des vues et des intérêts différens de ceux de
la patrie ; elle étoit dirigée par des Législateurs ou
par des Philosophes capables de l'être. Solon n'eût
jamais confié à des Ilotes, l'éducation des Athéniens, et
Lycurque n'eût pas confié aux Athéniens celle des
Spartiates. Lorsqu'Antipater demanda à ces derniers
cent cinquante enfans pour ôtages, ils répondirent
qu'ils aimoient mieux donner cent cinquante hommes
faits, de peur qu'une éducation étrangère ne corrom-
pît leurs enfans. »

« L'éducation devant préparer des Citoyens à l'état, il
est évident qu'elle doit être relative à sa constitution
et à ses loix : elle seroit foncièrement mauvaise, si elle
y étoit contraire : c'est un principe de tout bon Gouvernement, que chaque famille particulière soit réglée
sur le plan de la grande famille qui les comprend
toutes. Comment a-t-on pu penser que des hommes qui
ne tiennent point à l'Etat, qui sont accoutumés à
mettre un Religieux au-dessus des Chefs des Etats,
leur Ordre au dessus de la Patrie, leur Institut et des
Constitutions au dessus des Loix, seroient capables
d'élever et d'instruire la jeunesse d'un Royaume. L'en-
thousiasme et les prestiges de la dévotion avoient livré
les François à de pareils Instituteurs, livrés eux-
mêmes à un Maître étranger. Ainsi l'enseignement de
la Nation entière, cette portion de la législation qui

est la base et le fondement des Etats, étoit resté sous la direction immédiate d'un Régime Ultramontain, nécessairement ennemi de nos Loix. Quelle inconséquence, et quel scandale ! »

« Sans approfondir toutes les conséquences qui résultent d'un abus si énorme, doit-on s'étonner que le vice de la Monasticité ait infecté toute notre éducation ? Un Etranger à qui on en expliqueroit les détails, s'imagineroit que la France veut peupler les Séminaires, les Cloîtres et des Colonies Latines. Comment pourroit-il supposer que l'étude d'une Langue étrangère, des pratiques de Cloître, fussent des moyens destinés à former des Militaires, des Magistrats, des Chefs de famille propres à remplir les différentes professions, dont l'ensemble constitue la force de l'Etat ?»

« Nous sommes imbus de notions Monastiques qui nous gouvernent sans que nous le sçachions et sans qu'on s'en apperçoive. De petites pratiques de dévotion (et pourquoi n'oseroit-on pas le dire, puisque le sage et vertueux Abbé Fleury l'a dit) qui ne rappellent point les grandes idées de la Religion, ont saisi les Chefs des Eglises. »

« De là ces Congrégations, ces Confrairies, ces Conventicules, qui détournent les Chrétiens des lieux où ils doivent apprendre la Religion, qui empêchent les Pasteurs de s'instruire assez solidement pour être en état d'instruire les autres. »

« S'il est question d'Ecoles, de Collèges, dans l'instant les notions mystiques s'emparent des personnes principales; et on ne parle que de Communautés de Religieux ou au moins d'Ecclésiastiques, pour leur en confier la direction. On doute si des Professeurs mariés peuvent instruire les enfans. Quand on songe que dans le quinzième siècle il fallut une Ordonnance, et une

Ordonnance d'un Légat du Pape (1) en France pour permettre aux Médecins de se marier, que peut-on penser de l'effet des préjugés Ecclésiastiques ? On veut exclure ceux qui ne sont pas célibataires de places purement civiles. Quel paradoxe ! Il semble qu'avoir des enfans soit une exclusion pour pouvoir en élever, que l'on prenne des précautions pour empêcher l'Etat de se peupler, ou pour qu'il ne se peuple pas trop. Le bien de la Société exige manifestement une éducation civile ; et si on ne sécularise pas la nôtre, nous vivrons éternellement sous l'esclavage du pédantisme. »

« Pourquoi faut-il en effet que les Collèges soient administrés par des Moines ou par des Prètres ? Sous quel prétexte l'instruction dans les lettres et dans les sciences leur seroit-elle exclusivement dévolue ? Les Ecclésiastiques présenteront toujours le motif d'instruire les enfans dans la Religion. Il est certain que de toutes les instructions c'est la plus importante ; mais est il vrai que les seuls Ecclésiastiques puissent leur apprendre le Catéchisme, leur enseigner le François et le Latin, expliquer Horace et Virgile ? »

« Il y a d'excellens Catéchismes imprimés ; il n'est pas nécessaire d'être promu aux Ordres pour lire à des enfans ceux de Bossuet ou de Fleury ; et l'on peut se demander s'il est besoin d'en faire tous les jours de nouveaux, ou de réformer si souvent ceux qui sont faits. C'est dans le sein des familles chrétiennes, dans les

---

(1) « En 1452, le cardinal d'Estouteville, Légat en France, réforma l'Université, accorda aux Médecins la liberté de se marier, et leur défendit en même temps, comme marque de souillure, de faire à l'avenir leurs assemblées dans l'église de Paris, sous les tours, comme ils faisoient quelquefois. » (Pasquier, *Recherches*.)

On sait que Guillaume d'Estouteville, de l'ordre de Saint-Benoît, fut en même temps titulaire de l'archevêché de Rouen ; de six évêchés, de quatre abbayes et de trois prieurés. La mission dont il fut chargé auprès de Charles VII par Nicolas V date de 1451.

instructions de la Paroisse, que les enfans doivent prendre les élémens du Christianisme. Les Eglises sont les véritables écoles de la Religion. Les Jésuites, qu'on nommoit Ecoliers approuvés, et qui l'enseignoient, n'étoient pas véritablement Ecclésiastiques, quoiqu'ils en portassent l'habit. Au surplus, employer 40 ou 50 demi-heures par an à expliquer bien ou mal le caté- chisme de Canisius, ce n'est pas ce que des personnes instruites appelleroient enseigner la Religion. »

« Un Aumônier ou Chapelain dans chaque Collège pourroit suffire à cette fonction, sous prétexte de laquelle les Ecclésiastiques prétendent l'administra- tion des Collèges comme un patrimoine exclusif. »

« Je ne dois pas oublier une remarque importante ; c'est que présentement presque tous les hommes dis- tingués dans les sciences et dans les lettres, sont des laïques. On ne cesse de répéter qu'il n'y a pas assez de Prêtres pour remplir les fonctions du Ministère Ecclé- siastique : et pourquoi donc veut-on en faire des Pro- fesseurs de Collège et des Précepteurs ? »

« Une foule de Prêtres oisifs inondent les villes, tandis que les campagnes sont dépourvues de Ministres. Ils ne veulent plus les habiter ; et voilà qu'on leur cherche dans les Cités de nouvelles places dont on puisse dis- poser, comme de titres de Bénéfices amovibles. Une des maladies de l'Etat est que chacun veut avoir à ses ordres, des troupes qui ne soient point à ses frais. »

« Pour professer les lettres et les sciences, il faut des personnes qui fassent profession des lettres. Le Clergé ne peut pas trouver mauvais qu'on ne mette pas, géné- ralement parlant, les Ecclésiastiques dans cette classe. Je ne suis pas assez injuste pour les en exclure ; je reconnois avec plaisir qu'il y en a plusieurs dans les Universités et dans les Académies qui sont très instruits et très capables d'instruire. Je n'omettrai pas les Prêtres de l'Oratoire, qui sont dégagés des préjugés de l'Ecole et du Cloître, et qui sont citoyens ; mais je réclame contre l'exclusion des Séculiers. Je prétends revendiquer pour la Nation une éducation qui ne dépende que de l'Etat, parce qu'elle lui appartient essentiellement ; parce que toute nation a un droit inaliénable et imprescriptible d'instruire ses membres ; parce qu'enfin les enfans de l'Etat doivent être élevés par des membres de l'Etat. »

« Le droit exclusif qu'on voudroit accorder aux Prêtres séculiers et réguliers, d'instituer la jeunesse, n'est pas le seul inconvénient qui résulte des notions monastiques ; on peut en remarquer de nouveaux jusques dans les détails de l'éducation des Colléges. »

« Chez les Réguliers, l'objet des exercices est plutôt de former les maîtres que d'instruire les disciples. Dans les premières années, un jeune Régent qui n'est qu'un vieil Ecolier, achève le cours de ses études aux dépens d'autrui. Il surcharge ses élèves de thêmes qui lui coûtent peu à dicter, de longues et d'ennuyeuses leçons. Toute la peine et tout le travail est du côté des enfans ; pendant ce temps il s'occupe à ce qui lui peut lui être utile : il fait des collections, des extraits, il se prépare par des discours à la prédication, ou à la direction par des lectures. Dès qu'il est formé et qu'il s'est mis en état, par les connoissances qu'il a acquises, d'être utile aux autres, il abandonne cet enseignement, et va remplir la vocation à laquelle il est destiné pour la gloire et le profit de son Ordre. »

« L'administration des classes se ressent de l'uniformité des Cloîtres ; les corrections tiennent de la discipline claustrale, et semblent faites pour abaisser les cœurs qu'il faudroit chercher à élever. Toute cette

manutention est triste et rebutante ; son effet le plus
ordinaire est de faire haïr l'étude pour toute la vie. Des
hommes faits résisteroient à peine à la vie sédentaire
et contrainte, à laquelle on assujettit les enfans. Il est
contre la nature, que dans un demi-jour ils demeurent
assis pendant cinq ou six heures. Il règne d'ailleurs dans
les études qu'on leur fait faire, une monotonie qui les
jette presque nécessairement dans l'indolence et dans le
dégoût. Toujours du latin et des thèmes ! Loin d'ins-
pirer du goût pour aucune science, pour aucun art,
l'ennui et la sécheresse qui accompagnent par-tout
l'étude donnent de la répugnance pour les élémens de
toutes les sciences, de tous les arts : aussi rien n'est
plus ordinaire que de voir les jeunes gens abandonner
toute lecture au sortir des Collèges. Le premier fruit
de ce qu'on nomme institution de la jeunesse, est de la
laisser sans objet d'application, dans l'âge où il seroit
plus nécessaire de l'appliquer, pour prévenir les dan-
gers multipliés d'un loisir que remplissent les assauts
des passions les plus fougueuses. »

La Chalotais avait été le plus ardent promoteur de
l'expulsion des jésuites : « Je ne connois point de pays,
point de nation avec les lois desquelles les constitutions des jésuites puissent s'allier, » disait-il dans ses
réquisitoires de 1761 et 1762 faits devant la cour de
Rennes. L'ouvrage remarquable (1) dont nous venons
de donner ce long extrait fut déposé sur le bureau de
la Cour le 24 mars 1763 (2) : peut-être avait-il été en

---

(1) J'en ai vu trois éditions : aucune ne portait de nom d'imprimeur ou
d'éditeur.

(2) Les jésuites s'étaient installés au collège de Rennes en 1606 : leur établissement avait remplacé l'ancien collège Saint-Thomas. On trouvera des
renseignements intéressants sur les revenus et les charges de ce collège de
jésuites dans le « Mémoire du bureau servant de la communauté de Rennes

partie inspiré par d'Alembert ? Bien des choses y sont dites, qui pourraient encore s'appliquer à l'heure présente. Résumons-en la suite :

« Dans nos Collèges, ... les seuls divertissements sont des Enigmes, des Ballets, des Pièces dramatiques, aussi ridiculement composées que déclamées ; exercices d'autant plus méprisables, que la perte du temps se réunit aux exemples du plus mauvais goût. »

« Des Maîtres habitués aux subtilités scholastiques, y exercent les jeunes-gens qui contractent l'habitude de disputer et de chicaner. Il y en a qui dans le reste de leur vie semblent être toujours sur les bancs de l'école. »

« Mais le plus grand vice de l'éducation et le plus inévitable peut-être, tant qu'elle sera confiée à des personnes qui ont renoncé au monde, et qui, loin de chercher à le connoître, ne doivent songer qu'à le fuir, c'est le défaut absolu d'instruction sur les vertus morales et politiques. Notre éducation ne tient point à nos mœurs comme celle des anciens. Après avoir essuyé toutes les fatigues et l'ennui des Collèges, la jeunesse se trouve dans la nécessité d'apprendre en quoi consistent les devoirs communs à tous les hommes ; elle n'a reçu aucun principe pour juger des actions, des mœurs, des opinions, des coutumes ; elle a tout à apprendre sur des articles si importans. On lui inspire une dévotion qui n'est qu'une imitation de la Religion ; des pratiques pour tenir lieu de vertu, et qui n'en sont que l'ombre. »

« ..... On a négligé ce qui regarde les affaires les plus communes et les plus ordinaires, ce qui fait l'entre-

---

sur le nouveau plan d'éducation demandé par arrêt de la cour du 23 décembre 1761. » — Ce mémoire préconise comme géométrie l'ouvrage de Rivard.

tien de la vie, le fondement de la société civile.....
Ainsi ce qu'on leur enseigne, ce qu'on ne leur enseigne
pas, la manière de leur donner des instructions et de
les en priver, tout est marqué du sceau de l'esprit
Monastique. Cet esprit qui n'a pour but que d'asservir
toutes les facultés de l'âme à l'observance d'une Règle
religieuse, ne pouvoit que donner des bornes aux sciences, et mettre, pour ainsi dire, entre elles un mur de
séparation. Ce n'est pas dans ces lieux, où l'étude des
sciences utiles au monde est purement accessoire, qu'on
pouvoit songer que les vérités ont toutes un rapport
entre elles ; qu'elles sont plus aisées à saisir, lorsqu'on
a des points de jonction ; qu'il étoit essentiel de les
rapprocher les unes des autres, afin de les mieux reconnoître, puisque c'est ordinairement le caractère des
erreurs, d'être isolées et inconséquentes. »

« ..... N'y a-t-il pas trop d'Ecrivains, trop d'Académies,
trop de Colléges ? Autrefois il était difficile d'être
sçavant, faute de Livres ; maintenant la multitude de
Livres empêche de l'être..... Les Frères de la Doctrine
Chrétienne, qu'on appelle *Ignorantins*, sont survenus
pour achever de tout perdre ; ils apprennent à lire et à
écrire à des gens qui n'eussent dû apprendre qu'à
dessiner et à manier le rabot ou la lime, mais qui ne
le veulent plus faire. Ce sont les rivaux ou les succes-
seurs des Jésuites : depuis qu'ils sont établis à Brest
et à Saint-Malo, on a peine à trouver des Mousses,.....
dans trente ans d'ici, on demandera pourquoi il manque
des Matelots dans les Ports (1). »

---

(1) D'Alembert, grand partisan de La Chalotais, déclare à ce propos que
« des hommes qui portent un nom si peu fait pour en imposer ne doivent
guère se flatter de succéder un jour aux jésuites chez une nation à qui les
noms sont sujets à faire la loi ; il faudra, pour avoir en France des succès
et des ennemis, qu'ils commencent par se faire appeler autrement ». (*Sur
la Destruction des jésuites en France.*)

« ..... Je pense que l'on pourroit déterminer à peu
près l'âge de dix ans pour entrer dans les Colléges, et
celui de dix-sept ans pour en sortir. Dix-sept ans accomplis est l'âge où les Romains prenoient la robe virile. »

« ..... L'expérience fait voir qu'on oublie, au sortir du
Collége, presque tout ce qu'on y a appris. Pourquoi ?
C'est que les connoissances qu'on y a acquises ne sont
point liées avec les notions communes ; c'est que l'on
ne retient bien que ce qui a été souvent répété, et qu'il
n'y a que la répétition des mêmes idées qui puisse
former des traces assez fortes pour les conserver long-
temps. L'expérience fait voir également qu'on n'oublie
jamais ce qui est gravé pendant l'enfance dans les fibres
délicates du cerveau, par des actes fréquens réitérés.
Il n'y a point d'enfant qui ait oublié à jouer aux cartes.... »

« Nous reproduisons enfin complètement les opinions
de La Chalotais sur les Mathématiques et sur deux abus
introduits dans les collèges :

« DES MATHÉMATIQUES. — Le préjugé commun a attaché
à ces sciences l'idée d'une grande difficulté pour les
enfans : et par qui cette difficulté est-elle exagérée ?
par des gens qui dès l'âge de six ans leur mettent en
main la Grammaire, c'est-à-dire, la Métaphysique du
langage ; un tissu d'idées abstraites, difficiles à saisir
par elles-mêmes, et rendues inintelligibles par la façon
dont elles sont présentées. »

« La coutume qui régit la multitude, avoit renvoyé les
Mathématiques à la fin des études, pour en prendre une
légère teinture bientôt effacée. Les lumières de ce
siècle, l'exemple et l'autorité des gens capables ont
ramené à l'avis des Anciens, de Pythagore, de Platon,
qui vouloient que personne n'entrât aux Ecoles, sans

être initié à la Géométrie : Socrate conseilloit d'apprendre les Mathématiques dès l'âge le plus tendre (PLATON, *Rép.*, dial. 7). L'expérience et le raisonnement prouvent que les enfans sont capables de s'appliquer à ces sciences. »

. « La Géométrie ne présente rien que de sensible et de palpable, rien dont les sens ne rendent témoignage. Les Géomètres mesurent ce qu'ils voient, ce qu'ils touchent, ce qu'ils parcourent : les sens sont dans un perpétuel exercice, et lorsque les sens ne suffisent pas, la mémoire vient au secours pour conserver le souvenir d'une première vérité, d'une seconde, d'une troisième, etc. Nulle science n'est plus assortie à la curiosité des enfans, à leur caractère, à leur tempérament, qui les porte à être presque toujours en mouvement : rien ne flatte davantage l'amour propre, que de croire inventer soi-même les figures que l'on construit, ou les problèmes que l'on résout. »

« Je ne parle point de leur utilité par rapport aux besoins des hommes, à la perfection de tous les arts, aux secours qu'en tirent les sciences, et sur-tout la Physique ; le principal motif pour y appliquer les enfants, c'est le grand avantage qu'elles ont de perfectionner l'esprit. »

« La première qualité de l'homme, la plus nécessaire, celle qui s'étend à toutes les actions, à tous ses emplois, et qui étant jointe à la droiture du cœur qu'elle doit mettre en œuvre et conduire par sa lumière, fait toute sa perfection, c'est la justesse de l'esprit. »

« Pour acquérir cette qualité, il ne suffit pas de sçavoir les règles qui conduisent à la vérité ; il faut y joindre l'habitude de suivre ces règles, et elle ne s'acquiert que par la pratique continuelle des actes qui la produisent : or il est évident que par la méthode que l'on est forcé de suivre dans l'étude des Mathématiques, on pratique continuellement les actes qui forment cette habitude. Pour apprendre à raisonner, il suffit de bien raisonner sans discontinuation, c'est ce que l'on fait toujours et nécessairement dans les Mathématiques. Il est très-possible et très-ordinaire de raisonner mal en Théologie, en Politique ; cela est impossible en Arithmétique et en Géométrie : si l'on n'a pas l'esprit juste, la règle a de la justesse et de l'intelligence pour celui qui la pratique. »

« Les Mathématiques accoutument à l'esprit de combinaison et de calcul ; esprit si nécessaire dans l'usage de la vie ; elles donnent de l'aptitude à lier les idées, et c'est peut-être la plus essentielle de toutes les dispositions ; car on ne voit ordinairement dans tout le reste de la vie, que comme on a vu dans les commencemens. »

« D'ailleurs quelle comparaison entre les idées claires des corps, de la ligne, des angles qui frappent les sens, et les idées abstraites du verbe, des déclinaisons et des conjugaisons, d'un accusatif, d'un ablatif, d'un subjonctif, d'un infinitif, du *que* retranché, etc. La Géométrie ne demande pas plus d'application que les jeux de Piquet et de Quadrille. »

« C'est aux Mathématiciens à trouver une route qui n'est pas encore assez frayée. On pourroit peut-être commencer par des récréations mathématiques : mais celles d'Ozanam ne sont pas si claires que les Elémens même, et ne sont pas si instructives. »

« M. Clairaut a donné des Elémens de Géométrie et d'Algèbre dans l'ordre que les inventeurs eussent pu suivre. Il a réuni les deux avantages d'intéresser et d'éclairer les commençans. »

« Telles sont les opérations que je propose pour le

premier âge (1) : apprendre à lire, à écrire et à dessiner ; de la Danse, de la Musique qui doivent entrer
dans l'éducation de toutes les personnes au dessus du
commun ; des Histoires, des Vies d'Hommes illustres
de tout pays, de tous siècles et de toute profession ;
la Géographie ; des Récréations Physiques et Mathématiques ; les Fables de La Fontaine, qui, quoiqu'on en
dise, ne doivent pas être retirées des mains des enfans,
mais qu'on doit leur faire toutes apprendre par cœur.
Du reste, des promenades, des courses, de la gaieté,
des exercices ; et je ne propose même les études que
comme des amusemens. »

« RÉFLEXIONS SUR DEUX ABUS DANS LES COLLÈGES. —
L'objet d'une bonne méthode doit être également de
déraciner les abus, comme d'indiquer et de frayer le
chemin. »

« Je dirai deux mots sur l'abus des Cahiers de Réthorique et de Philosophie, que l'on dicte dans les collèges ; outre que ce sont de misérables leçons que l'on
fait plutôt pour exercer les Maîtres, que pour instruire
les enfans ; c'est la perte d'un temps considérable qu'ils
emploient à écrire ; il n'y en a point qui les écrive en
entier, et sur mille il n'y en a pas un seul qui les ait
conservés pendant deux ans, ou qui en ait fait quelque
usage dans le reste de la vie. J'en appelle à l'expérience. »

« Autre abus sur les leçons de Mémoire : on fait
apprendre par cœur à des enfans des Rudimens, des
Particules, etc., des règles qu'il suffit d'entendre et de
concevoir ; on les ennuie, on les fatigue par la longueur
de leçons désagréables ; ils perdent le temps qu'ils

(1) Avant l'âge de dix ans.

pourroient employer utilement et agréablement à apprendre les plus beaux morceaux de Littérature Françoise et Latine. Tous ces morceaux joints ensemble ne feroient pas la moitié des leçons qu'on oblige les enfans d'apprendre par jour, depuis la première classe jusqu'à la Réthorique. »

« On ne doit faire apprendre par cœur aux enfans, que ce qu'ils doivent retenir, ce qui peut leur servir de modèle. N'y a-t-il pas assez de beaux endroits dans les Auteurs, sans les fatiguer à apprendre ce qu'ils doivent oublier ? »

CHAPITRE XXVII

Les mathématiques et les Pères de l'Église. — Du plaisir spirituel que donne l'étude de la géométrie. —
Une méthode pour calculer π.

(Le P. Lamy, 1731, 1738).

———————

Élémens des Mathématiques, ou Traité de la grandeur en
général, par le R. P. Bernard Lamy, Prêtre de l'Oratoire.
7ᵉ édition, 1738.

« Les Pères de l'Église jugeoient l'étude des Lettres
humaines si nécessaire, qu'ils regardèrent la défense
que Julien l'Apostat fit aux Chrétiens de les étudier
comme un stratagème du démon, semblable à celui dont
se servirent les Philistins pour ôter aux Israëlites les
moyens de se défendre, en les empêchant de faire
aucun ouvrage de fer. Les Mathématiques tenant donc
entre les Sciences humaines un des premiers rangs,
l'on ne peut pas, sous prétexte de piété, en défendre
l'étude à la Jeunesse. Elles sont nommées Mathématiques, nom qui veut dire Discipline, parce l'on n'apprend rien de plus considérable dans les Écoles, et
qu'elles renferment tant de choses qu'il n'y a point de
Profession à qui elles ne puissent être utiles... L'Histoire Ecclésiastique donne de grandes loüanges aux
Pères de l'Église qui ne les ont pas ignorées... »

« Tout le monde reconnoît que l'on ne remporte que

très-peu de fruit des Collèges, et que l'on y passe le
temps à apprendre des choses, particulièrement dans la
Philosophie, dont il n'est pas même permis de faire usage
parmi les honnêtes gens, comme sont une infinité de
Questions de chicane... Car enfin personne ne doute
que la Philosophie, comme on l'enseigne, ne soit pleine
de questions douteuses, de sophismes, de mauvais
raisonnemens, et qu'ainsi elle ne peut fournir que des
modelles très imparfaits de clarté, de netteté et d'exactitude... »

« Ainsi, qu'on considère si on veut les études de la
Jeunesse, ou comme de simples occupations dont il faut
remplir le vuide de leurs premières années, afin que le
vice ne s'en empare pas ; ou comme des préparations
à des études plus sérieuses, il est constant que cette
considération doit porter les personnes qui ont du zèle
pour l'éducation de la Jeunesse à faire qu'on enseigne
avec plus de soin les Mathématiques qu'on ne l'a fait
depuis quelques siècles. »

« Pour me servir d'une expression de S¹ Grégoire
Thaumaturge (1), ils (ceux qui enseignent les mathématiques) doivent former dans l'esprit des jeunes gens
comme une digue assurée contre l'erreur, les fortifiant
et les accoûtumant à ne donner leur consentement qu'à
ce qui est évident, et, détachant leur cœur des plaisirs
sensibles, leur en faisant goûter de plus purs (2). Il n'y a

---

(1) Saint Grégoire vivait de 210 ou 215 à 270. Pendant la persécution de
Décius, il se métamorphosa en arbre pour échapper aux soldats qui le
poursuivaient !.

(2) Au vᵉ siècle, on regardait la musique, la géométrie et l'arithmétique
comme autant de furies.

Gerbert (le pape Silvestre II, mort en 1003) explique que la géométrie sert
particulièrement à faire connaître et admirer la puissance ineffaçable et la
souveraine sagesse de Dieu, qui a tout fait avec nombre, poids et mesure...
Il touche quelque chose de son excellence en rappelant les éloges qu'en

personne qui ait quelque connoissance des Mathématiques qui n'en soit charmé. La vérité y paroît sans
nuage, au lieu que dans les autres Sciences elle y est
cachée sous d'épaisses ténèbres. Elles doivent donc
plaire à notre esprit, car il n'est pas si fort corrompu
par le mensonge qu'il ne lui reste une forte inclination
pour la vérité. Il n'y a rien qu'il aime davantage, comme
dit St Augustin : « Quid fortius desiderat anima quàm
veritatem? »... St Augustin (1) nous donne une règle
qui nous empêcheroit de tomber dans l'erreur aussi
souvent que nous le faisons, si nous la suivions. « Prenez garde, dit-il, de croire sçavoir une chose si vous
ne la connoissez aussi clairement que vous sçavez que
ces nombres un, deux, trois, quatre ajoutés dans une
somme font dix. »

---

fait saint Augustin dans ses divers ouvrages, notamment dans son traité
de la Quantité de l'âme.

(Histoire littéraire de la France, par les religieux bénédictins de la congrégation de Saint-Maur.)

(1) Saint Augustin vivait de 354 à 430. Dès l'âge de vingt ans, il avait
facilement entendu les Cathégories d'Aristote, l'Eloquence et les Mathématiques :

« Que me servait-il encore d'avoir entendu sans l'aide de personne tout
ce que j'avais pu lire de ces livres qui traitent des arts à quoi on a donné
le nom de *libéraux*; et dont j'aurais dû être exclu, s'il est vrai qu'il n'y a
que les cœurs libres qui en soient dignes ; puisque je n'étais qu'un misérable
esclave de mes vices et de mes passions ? Je lisais ces sortes de livres
avec un grand plaisir, mais sans prendre garde d'où venait tout ce que j'y
trouvais de solide et de vrai ; parce que je tournais le dos à la lumière, et
que ne regardant que ce qui en était éclairé, je n'étais point éclairé moi
même. »

« Je compris sans beaucoup de peine, quoique je ne fusse aidé de personne, tout ce qui regarde l'éloquence, la géométrie, la musique, l'arithmétique. Vous le savez, mon Seigneur et mon Dieu, puisque c'est vous qu;
m'aviez donné cette ouverture et cette pénétration d'esprit dont j'aurais dû
vous faire un sacrifice, en ne l'employant que pour vous, mais dont je ne me
suis servi que pour me perdre... »

(*Les Confessions*, trad. Du Bois, éd. de 1737.)

Les Elemens de Geométrie, par le R. P. Bernard Lamy, Prêtre
de l'Oratoire. 5ᵉ édition, 1731, in-12. — Première édition,
1685, in-8°.

« J'ai travaillé de nouveau cet Ouvrage, ayant reconnu
qu'il pouvoit servir à former l'esprit et le cœur. C'est
Dieu qu'il faut regarder en toutes choses et l'étude de
la Géométrie y doit porter. On y trouve de grands sujets
de penser à lui. Tout ce qu'on voit de beau dans cette
Science touchant les figures, leurs raisons et leurs
proportions se remarque ensuite dans les Ouvrages de
la Nature, ce qui donne lieu d'admirer celui qui en
est l'Ouvrier. Il n'y a point de petit corps qui ne soit
capable de toutes les figures de Mathématique, selon
qu'on concevra que sa matière sera disposée. Ces
figures ont toutes les propriétez. L'esprit peut par conséquent découvrir en chaque Corps un nombre infini
de véritez surprenantes, lorsqu'il le considère avec
ordre, c'est-à-dire s'il fait les considérations que peut
faire un habile géomètre, et s'il applique à ce Corps tout
ce que la Géométrie enseigne. »

« Combien d'admirables véritez verrions-nous donc en
Dieu, si nous l'étudions autant que nous faisons les
corps ? Nous n'y voyons presque rien, parce que nôtre
esprit ne peut s'appliquer autant de tems à lui qu'il
fait à la matière. Mais combien de choses les Saints
découvrent-ils en sa Divine Essence, qui est la cause de
la fécondité de la matière ? Et si la connoissance des
véritez que la Géométrie nous enseigne donne tant de
contentement, quel est le plaisir des Bien-heureux
qui voyent des véritez d'autant plus excellentes, que
Dieu surpasse infiniment les Corps. »

« Ainsi, outre le plaisir spirituel que donne la Géométrie, pour insinuer du mépris pour les voluptez, et par

là nous rendre plus propres pour la morale de l'Évan-
gile, qui est ennemie de ces voluptez ; outre qu'elle
dispose l'esprit pour toutes les Sciences, pour celles
mêmes qui sont élevées au dessus de la matière, dont
elle le rend capable, elle nous fait encore connoître
qu'elle est la vaste étendüe dé la Science que possèdent
ceux qui voyent Dieu, et de quel plaisir ils jouissent
en découvrant tant de véritez_dans la Divine Essence.
Par conséquent la Géométrie pourroit donner un plus
ardent désir de posséder Dieu que de devenir Géomètre,
si on l'étudioit avec l'esprit, que je le prie lui même de
donner à ceux qui se serviront de mon Ouvrage. »

L'auteur dit, p. 127, « on ne peut exprimer la grandeur de la circonférence d'un cercle qu'en assignant
deux lignes, l'une plus grande et l'autre plus petite que
cette circonférence, qui ne diffèrent entr'elles que d'une
grandeur moindre que toute grandeur qu'on puisse
marquer ».

Il essaie, p. 285, d'indiquer une méthode pour trouver la surface du cercle, en s'appuyant sur le théorème
suivant, facile à démontrer : Quand deux polygones sont
inscrits à un cercle, le second ayant deux fois plus de
côtés que le premier, la surface du plus grand est à
celle du plus petit comme le rayon du cercle est à
l'apothème du plus petit.

Soient donc S_1 la surface d'un polygone inscrit au
cercle, S_2 celle du polygone inscrit d'un nombre de
côtés double, S_3 celle du polygone inscrit d'un nombre
de côtés quadruple, etc. On a, en appelant R le rayon
du cercle ; a_1, a_2, a_3..., les apothèmes des polygones,

$$\frac{S_2}{S_1} = \frac{R}{a_1}, \quad \frac{S_3}{S_2} = \frac{R}{a_2}, \quad \frac{S_4}{S_3} = \frac{R}{a_3}, \ldots$$

d'où

$$\frac{S_3}{S_1} = \frac{R^2}{a_1 a_2}, \quad \frac{S_4}{S_1} = \frac{R^3}{a_1 a_2 a_3}, \ldots$$

et enfin

$$\frac{\text{surface du cercle}}{S_1} = \text{limite}_{n=\infty} \frac{R^n}{a_1 a_2 \ldots a_n}.$$

Le P. Lamy avait lu Arnaud et il en fait grand éloge; mais je crois bien qu'il a pillé Viète sans s'en vanter. Il appartenait à la congrégation de Saint-Maur, est mort en 1711 à 75 ans (1).

---

(1) La *Biographie* dit qu'il vivait de 1640 à 1715. Professeur à Angers, il soutint courageusement ses opinions contre les thomistes. Ses ouvrages ont été beaucoup lus et traduits.

CHAPITRE XXVIII

Introduction des mathématiques dans les classes de philosophie de l'université de Paris.

(RIVARD, professeur de philosophie, 1738).

———————

ÉLÉMENS DE GÉOMÉTRIE, avec un Abrégé d'Arithmétique et d'Algèbre, par M. Rivard (1), Professeur de Philosophie en l'Université de Paris (Seconde édition, 1738, in-4°).

« L'estime que l'on fait généralement des Mathématiques a introduit depuis quelques années, dans l'Université de Paris, l'usage d'en expliquer les Élémens dans la plûpart des Classes de Philosophie. Les Professeurs les mieux instruits de cette Science et de ses avantages ont reconnu sans peine que cette partie de la Philosophie ne méritoit pas moins leur attention que la Logique et la Physique : ils ont vû que les Mathématiques étoient une véritable Logique pratique, qui ne consiste pas à donner une connoissance sèche des règles qui conduisent à la vérité, mais qui les fait observer sans cesse, et qui, à force d'exercer l'esprit à former des jugemens et des raisonnemens certains, clairs et méthodiques, l'habitue à une grande justesse. »

« En effet, rien n'est plus propre que l'Étude de cette Science, pour fixer l'attention des jeunes Étudians,

———————

(1) Rivard (1697-1778) a professé près de quarante ans les mathématiques au collège de Beauvais.

pour leur donner de l'étendüe d'esprit, pour leur faire goûter la vérité, pour mettre de l'ordre et de la netteté dans leurs pensées, ce qui est le but de la Logique. S'il y avoit encore quelqu'un qui n'en fût pas persuadé, il pourroit s'en convaincre par ces courtes réflexions. Les·signes que les Mathématiques employent, les lignes sur-tout, et les figures dont se sert la Géométrie, arrètent la légèreté de l'imagination en frappant les yeux; elles tracent dans l'esprit les idées des choses qu'il veut appercevoir; elles surprennent et attachent ainsi son attention; souvent la preuve d'une proposition dépend de quantité de principes : l'esprit n'est-il pas alors obligé d'étendre, pour ainsi dire, sa vüë avec effort, afin de les envisager tous en même temps? »

« La vérité est difficile à découvrir dans ces Sciences; mais aussi elle semble vouloir dédommager ceux qui la cherchent, de leurs peines, par l'éclat d'une vive lumière dont elle charme leur entendement, et par un plaisir pur et sans mélange dont elle pénètre l'âme. A force de la voir et de l'aimer on se familiarise avec elle, et on s'accoutume à remarquer si bien les traits lumineux qui l'annoncent et la caractérisent toûjours, qu'on est bien-tôt capable de la reconnoître sous quelque forme qu'elle paroisse, et de distinguer en toute matière ce qui ne porte pas son empreinte. »

« Enfin personne n'ignore que la méthode des Mathématiciens tend, plus que toute autre, à rendre l'esprit net et précis, et à le diriger dans la recherche de la vérité sur quelque sujet que l'on puisse travailler. Les Mathématiciens, pour fondement de leurs connoissances, ne posent que des principes simples et faciles, mais certains, lumineux, féconds. Ensuite ils tirent de ces points fondamentaux les conclusions les plus aisées et les plus immédiates, qui n'ayant rien perdu de l'évidence de leurs principes, la communiquent à d'autres conclusions, celles-ci à de plus éloignées, et ainsi de suite. Par là il se forme une longue chaîne de véritez, laquelle étant attachée par un bout à une base inébranlable, s'étend de l'autre côté dans les matières les plus difficiles. »

« Peut-on disconvenir qu'une application de quelques mois, donnée à la pratique d'une telle méthode, ne serve infiniment plus que certaines questions que l'on avoit coûtume de traiter sans aucun fruit à former le jugement, et à l'accoutumer à faire usage des règles de la Logique dans toutes les autres parties de la Philosophie, dont les routes se trouvent même par-là fort applanies ? Qui pourroit ne pas approuver les Maîtres de Philosophie qui ont banni à perpétuité de leurs Leçons des matières vaines et étrangères, pour y en faire entrer d'autres si utiles, et qui y ont un droit naturel et inaliénable ? »

« Une seconde considération aussi très-importante, engage encore les Professeurs à faire voir les Élémens des Mathématiques, sur-tout ceux de Géométrie ; c'est qu'ils sont très-utiles, pour ne pas dire nécessaires, à l'intelligence des matières de Physique. »

Cet ouvrage est dédié « à Monseigneur le Recteur et à l'Université de Paris ». La première édition est de 1732.

CHAPITRE XXIX

Sauveur et Madame de la Sablière. — Opinion de Bossuet sur la médecine, d'après Fontenelle. — Démonstration du carré de l'hypoténuse.

(Sauveur, de l'Académie royale des sciences, 1753, édition posthume).

Géométrie élémentaire et pratique de feu M. Sauveur (1), de l'Académie royale des sciences, revue par M. Le Blond, Maitre de mathématiques des Enfans de France. — 1743, in-4°.

Cet ouvrage est bien ordonné et très clair; il est supérieur à ceux d'Arnaud, de Pardies, du P. Lamy, de Rivard, de De Malézieu, et fait sur le même plan que le premier de ceux-ci, ainsi d'ailleurs que l'annonce l'Avertissement, où nous relevons cette parole de Bouguer :

« Il est certain qu'on ne nous instruit jamais mieux que lorsqu'on nous fait au moins entrevoir les raisons des choses qu'on nous explique. La pratique est comparable à la main qui travaille, pendant que la théorie tient lieu de l'esprit qui dirige avec lumière. »

---

(1) Sauveur (1653-1716) fut ami de Mariotte et de Condé ; il prit part au siège de Mons.

Mᵐᵉ de la Sablière (morte en 1693) avait appris les mathématiques de Sauveur et de Roberval. Boileau ayant appris qu'elle l'avait accusé de parler de l'astrolabe sans connaitre cet instrument, se vengea d'elle dans sa Satire sur les femmes.

Fontenelle vivait de 1657 à 1757. — Bossuet de 1627 à 1704.

Voici maintenant ce que dit Fontenelle dans son
Éloge de Sauveur (1716) :

« Il avoit un oncle Chanoine et Grand-Chantre de
Tournus; il prit le dessein d'aller le trouver, pour en
obtenir une pension qui le mît en état de subsister à
Paris. Sa famille le destinoit à l'Église, et dans cette
vûe l'oncle lui accorda la pension pour étudier en Philosophie et en Théologie à Paris. Pendant sa Philosophie il apprit en un mois, et sans maître, les six premiers Livres d'Euclide..... Il se destina à la Médecine,
et fit un cours d'Anatomie et de Botanique. Il alloit
aussi fort assiduement aux conférences de M. Rohaut,
qui en ce tems-là aidoient à familiariser un peu le
monde avec la vraie Philosophie. »

« M. Sauveur connut alors M. de Cordemoi (1), Lecteur de M. le Dauphin, et habile Philosophe, qui parla
de lui à M. l'Évêque de Condom, depuis Évêque de
Meaux, Précepteur du jeune Prince. Ce Prélat voulut
voir M. Sauveur; il le tourna sur plusieurs matières de
Physique, le sonda, et le connut bien. Il lui donna un
conseil qui ne pouvoit partir que d'un homme d'esprit,
ce fut de renoncer à la Médecine. Il jugea qu'il auroit
trop de peine à y réussir avec un grand sçavoir, mais
qu'il alloit trop directement au but, et ne prenoit point
de tours, avec des raisonnements justes, mais secs et
concis, où le peu qui en restoit par une nécessité
absolue, étoit dénué de grâce. En effet, un Médecin a
presque aussi souvent affaire à l'imagination de ses
malades qu'à leur poitrine ou à leur foie, et il faut
sçavoir traiter cette imagination, qui demande des spé-
cifiques particuliers. »

---

(1) Gérard de Cordemoy est mort vers 1684. « La philosophie de Descartes
lui plut et il plut par là à M. Bossuet, évêque de Meaux. »

« Encore une chose détermina M. Sauveur à suivre
le sage conseil de M. de Condom. Son oncle qui vit
qu'il ne pensoit plus à l'État Ecclésiastique, fit scrupule
de lui continuer une pension qu'il prenoit sur les revenus de son bénéfice ; et comme le jeune Étudiant en Médecine étoit encore bien éloigné d'en pouvoir tirer aucun secours, il se tourna entièrement du côté des Mathématiques, et se résolut à les enseigner. »

« Les Géomètres, qui encore aujourd'hui ne sont pas
communs, l'étoient encore beaucoup moins ; c'étoit un
titre assez singulier, et qui par lui-même attiroit l'attention ; le peu qu'il y en avoit dans Paris, n'étoient
que des Géomètres de cabinet, séquestrés du monde.
M. Sauveur, au contraire, s'y livroit, et cela dans le
tems heureux de la nouveauté. Quelques dames même
aidèrent à sa réputation, une principalement qui logeoit
chez elle le célèbre La Fontaine, et qui goûtant en
même tems M. Sauveur, prouvoit combien elle étoit
sensible à toutes les différentes sortes d'esprit. Il
devint donc bientôt le Géomètre à la mode, et il
n'avoit encore que vingt-trois ans (1), lorsqu'il eut un
écholier de la plus haute naissance, mais dont la naissance est devenue le moindre titre, le prince Eugène. »

Voici un exemple de la manière de Sauveur (2) :
« Dans un triangle rectangle A B C, le quarré de
l'hypoténuse A C est égal aux quarrés de deux autres
côtés A B et B C. »
« Tirez de l'angle droit B sur l'hypoténuse AC la perpendiculaire BD, le triangle ABC sera divisé en deux
autres triangles ABD, BDC, semblables entr'eux et sem-

(1) En 1677.
(2) Page 137.

blables au grand triangle : les côtés AB et BC sont les
hypoténuses de ces triangles. Donc le grand triangle
est aux deux petits comme le quarré de l'hypoténuse
AC est aux quarrés de AB et de BC; mais le grand
triangle est égal aux deux autres : donc le quarré de
l'hypoténuse est égal au quarré des deux autres côtés. »

« Cette proposition peut encore se prouver, mais
d'une manière méchanique en se servant de trois cartes
coupées diagonalement en six triangles rangés comme
dans la figure. » (Dont suit l'explication.)

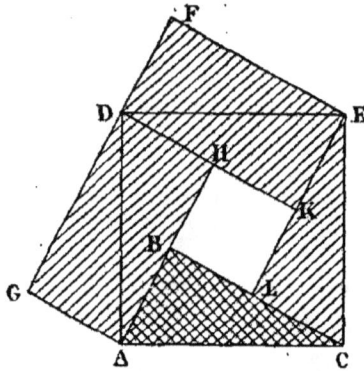

Fig. 12.

CHAPITRE XXX

Dispositions naturelles des jeunes enfants pour les mathématiques. — Cette étude fortifie leur raisonnement et les rend dans la suite aptes à commander.

(L'abbé De la Chapelle, Censeur royal, 1743 et 1756).

Institutions de géométrie, enrichies de notes critiques et philosophiques sur la nature et les développemens de l'Esprit humain. — Avec un discours sur l'Etude des Mathématiques, où l'on essaye d'établir que les enfans sont capables de s'y appliquer, augmenté d'une réponse aux objections qu'on y a faites. — Ouvrage utile, non seulement à ceux qui veulent apprendre ou enseigner les Mathématiques par la voie la plus naturelle, mais encore à toutes les personnes qui sont chargées de quelque éducation. — Par M. De la Chapelle(1), Censeur Royal, de l'Académie de Lyon et de la Société Royale de Londres.

La première édition est dédiée aux élèves de Louis-le-Grand.

« A Messieurs les élèves du collège Louis-le-Grand. »

« Messieurs, vous êtes élèves d'une Société à qui j'ai des obligations essentielles. J'ai cru ne pouvoir mieux lui témoigner ma reconnaissance qu'en travaillant à vous être utile. »

---

(1) L'abbé De la Chapelle (1710 ?-1792) avait inventé, sous le nom de *scaphandre*, un appareil pouvant servir à un homme pour marcher sur une eau tranquille : il avait essayé ce *scaphandre* en liège sur la Seine (voyez *Biographie*).

« Un livre fait pour vous devoit naturellement vous être offert. Celui-ci a pour objet d'applanir les difficultés de l'étude des Mathématiques, difficultés qui viennent beaucoup moins de la matière qui y est traitée que du peu de justice que l'on rend à votre intelligence. »

« Il y a bien des gens qui prétendent que les Mathématiques ne doivent point entrer dans votre première éducation, qu'elles sont alors trop au-dessus de votre portée, qu'à peine peut-on parler à votre raison avant l'âge de quinze ou seize ans. »

« Je leur ai répondu que dès l'âge de six ans vous aviez des yeux pour voir des lignes et des mains pour les tracer, que vous n'étiez point du tout embarrassez de compter, que je vous avois vû mille fois mesurer des longueurs avec des cordeaux, construire une infinité de petites figures où vous cherchiez de la simétrie : ce qui est, à le bien prendre, le véritable prélude des Mathématiques. Ne trouvez-vous pas que c'est avec raison que je m'élève contre ces gens qui vous décrient ? »

« Le Livre que je vous offre a été composé en vue de soutenir les droits de votre raison, et de vous vanger de cette espèce de mépris où je soupçonne un peu de jalousie. Ces discoureurs craignent que vous n'appreniez l'art d'avoir en très peu de temps plus de raison qu'eux et qu'ils ne paroissent bien-tôt des enfans devant vous, qui n'êtes pas encore des hommes. »

« Voilà, Messieurs, ce que m'a inspiré le sentiment que j'ai de votre capacité, mais il est nécessaire que vous joigniez vos forces à ma confiance. Si mon Livre soutient vos droits, il n'y a que vous qui puissiez soutenir les droits de mon Livre. En l'apprenant, vous prouverez encore mieux que moi la vérité de notre cause et vous ne manquerez pas de vous attirer les éloges sur lesquels il me semble que je dois être fort sobre dans

un ouvrage fait uniquement pour apprendre à les mériter.

« Je suis, avec un dévouement parfait, Messieurs,
Votre très humble et très obéissant serviteur,

« DE LA CHAPELLE. »

Voici l'analyse des deux discours sur l'étude des mathématiques (1743 et 1757).

« Les premiers éléments de géométrie ne posent que
sur la matière la plus exposée à nos sens. Les enfants,
qui veulent toujours agir et toucher, font de la géométrie sans le savoir : rien n'est plus assorti à leur caractère, à leur vive curiosité, à la faculté naturelle qu'ils
ont de raisonner, que la science des mathématiques.
Les vérités mathématiques ne sont jamais si utiles que
quand elles sont enseignées dès les premières années
de l'imagination : on commence trop tard à les apprendre, on ne les apprend pas assez longtemps. Les
enfants font de la géométrie volontiers, comme ils
feraient du dessin, en guise d'amusement. Les mathématiques n'éteignent point l'imagination, mais la forti-
fient et la modèrent : on peut citer comme exemples
Pythagore, Platon, Pascal, Malebranche, Arnaud, Nicole.
Les propositions de la grammaire sont plus abstraites
et plus métaphysiques que celles de la géométrie. »

Je cite maintenant quelques passages saillants :

« Les opinions prennent ordinairement naissance
dans la coutume. On renvoie presque toujours aux derniers tems de l'éducation l'étude des Mathématiques,
et l'on croit que cela est très bien fait... »

« Les sens sont en géométrie nos premiers maîtres
et ils conservent une grande autorité dans toute la suite
de nos raisonnemens... »

« On ne seroit pas fondé à dire que les enfans n'apper-
çoivent pas les premières propriétés des corps aussi
bien que les hommes faits ; ils donnent des signes évi-
dents du contraire, on ne les voit occupés qu'à cela.
D'un autre côté, un raisonnement simple sur les choses
de leur portée ne les touche pas moins que les objets
les plus matériels ; enfin on ne leur conteste pas la mémoire. »

« Pour peu maintenant que l'on suive les développemens de l'esprit humain, que l'on fasse attention à cette
extrême curiosité qui agite les enfans, à cette mobilité
qui les pousse aux opérations méchaniques, nous ne dou-
tons pas que l'on ne se rapproche de l'idée que, peut-
être de toutes les sciences, celle des mathématiques
est la plus à portée des enfans. »

« Des angles, des lignes, des cercles, ne sont faits
que pour frapper les sens ; il n'y faut guère autre chose
que les yeux et la main. »

« Joignez-y seulement la portion d'intelligence nécessaire pour appercevoir que deux grandeurs égales à
une troisième sont égales entre elles (vérité d'ailleurs
qui se manifeste tout matériellement en posant deux
grandeurs sur une même mesure qui leur soit égale).
En voilà assez pour découvrir dans la matière un grand
nombre de rapports et pour accoutumer l'esprit à des
vérités solides. »

« Au pis aller, quand cette suite de vües ne seroit
que de la mémoire, elle seroit toujours fort préférable
à ce faux merveilleux dont on remplit la tête des
enfans... »

« Tout le monde sçait que Virgile, Horace, Ovide,
Catulle, que tous les écrivains polis démèlent dans les
passions ce qu'il y a de plus ingénieux. Où veut-on que
les jeunes gens prennent un modèle sur lequel ils éva-

luent ces auteurs ? Où ils n'ont pas assez vécu, ou, ce
qui revient au même, ils n'ont pas assez réfléchi. Horace
et Virgile doivent être lûs à quinze ou vingt ans, où
l'on a déjà quelques principes de goût et de mœurs.
Euclide peut être étudié à six ans, l'on a à cet âge des
yeux et des mains. »

« En général, il paroît que la société n'a pas moins
besoin de bons esprits que de beaux esprits : ce n'est
pas à dire que le bel esprit exclue le bon esprit, il nous
semble seulement que les sciences sérieuses mènent
au bon esprit un peu plus directement que les belles-
lettres... »

« Au reste, ce seroit mal prendre notre pensée que de
nous attribuer l'intention de mettre, s'il est permis de
le dire, tout l'esprit d'un jeune homme en mathématiques. Nous croyons seulement que, de toutes les
sciences qui concourent à perfectionner l'éducation, les
mathématiques ont droit au privilège d'être particulièrement cultivées : leurs principes sont sous nos yeux
et sous nos mains, des corps, un compas, une règle. Un
enfant peut agir ici comme un homme fait, au lieu que
les autres sciences demandent, pour être raisonnablement entendues, une suite d'expériences qu'il n'est
possible d'acquérir qu'après le temps de l'éducation... »

« La peinture, l'architecture, la navigation, presque
tous les arts ont besoin de mathématiques, et principalement celui de la guerre... Cependant nous envisageons
l'étude des mathématiques beaucoup moins par l'utilité
particulière qui en revient à tous les arts, que par l'influence générale que ces sciences peuvent avoir sur les
esprits. La rigueur et le scrupule avec lesquels les mathématiciens observent les objets de leurs spéculations
accoutument l'âme à revenir sur elle-même, à se défier
de ses premières vûes ; or se défier c'est penser, c'est

marcher dans la recherche de la vérité avec la circonspection d'un homme qui craint à chaque pas de tomber dans l'erreur qui l'environne. Cette disposition d'esprit constitue le principal mérite de ceux qui sont destinés à commander à d'autres. »

« En général la sûreté des Etats, la législation et le commandement des armées sont remis entre les mains d'hommes d'une grande naissance ou d'un mérite distingué. Les enfans qui doivent leur succéder un jour, et à qui on remettra, pour ainsi dire, le sort des états, ne sçauroient commencer de trop bonne heure ce que l'on commence toujours trop tard, l'art de lier ses idées. »

« Cependant personne n'ignore combien il est rare que les enfans destinés aux dignités les plus importantes, apprennent les mathématiques avant l'âge de quinze ou dix-huit ans, parce que l'on suppose toujours qu'il faut une raison très formée pour être initié dans ces sciences... A quinze ou dix-huit ans les passions sont sur le point de causer dans l'âme un grand désordre. La raison n'est pas assez fortifiée contre leurs atteintes ; elle est vaincue, parce qu'elle ne connoit pas toutes ses ressources. L'esprit est alors dans le tems de la plus grande dissipation. Nous en appellons au sens le plus commun : est-ce bien choisir son tems que de commencer les mathématiques à un âge si sujet à rompre le frein de la raison et de la docilité ?... »

« On ne parle de rien en géométrie dont on n'ait une idée bien palpable, une idée qui ne suppose aucune expérience : une ligne et un angle tracés sont tout aussi évidens à un enfant qu'à un homme fait. Mais quelle énorme provision d'idées faut-il avoir faite pour comprendre des mots d'une abstraction aussi violente que les mots d'Ablatif, de Supin, de Gérondif, qui sont si familiers à ceux qui apprennent la grammaire ? La

science des mathématiques est la seule dont les principes soient bien palpables : ce sont les idées des corps
que les enfans ont toujours entre les mains. Les premières conséquences s'y tirent, pour ainsi dire, à l'œil ;
ainsi la raison des enfans, sollicitée par des objets
dont elle se trouve presque en naissant la maîtresse,
prend plaisir à faire l'essai de sa puissance ; mais en
faire l'essai, c'est l'augmenter. »

Un certain abbé Desfontaine avait essayé de répondre
que « La géométrie épuise tous les efforts d'un esprit ordinaire et le rend incapable de toute autre chose ; cela est
certain, continue-t-il, par l'expérience, puisque la plupart des géomètres n'ont ni invention, ni agrément, ni
goût, que leur imagination est stérile et pesante, leur
jugement même fort médiocre. »

L'abbé De la Chapelle réplique, entre autres choses
sensées : « que si l'on vouloit établir quelque comparaison entre les différens ordres d'esprit qui composent
la République des lettres, il faudroit se demander : Descartes vaut-il Corneille ? Quelle distance y a-t-il de
Leibnitz à Racine ? Rousseau a-t-il plus de chaleur et
d'invention que Mallebranche ? Bossuet est-il plus élevé
que Paschal ? Mais à qui comparer la sage imagination
de M. de Fontenelle, — le phénix des beaux esprits de
ce siècle (1) ? »

Je tiens enfin à reproduire les réflexions suivantes
placées en note dans le corps de l'ouvrage :

« Quelques personnes trouveront peut-être que les
exemples que je propose ne sont pas assez précis, que
j'y fais entrer bien des paroles superflues : ce n'est pas

---

(1) Il paraît que Fontenelle est ainsi qualifié par Musschenbrœk.

sans dessein. Les questions de calcul que l'on nous propose de résoudre sont toujours accompagnées des circonstances qui les occasionnent; il faut donc accoutumer les jeunes gens à mettre un discours en calcul et à retrancher d'une question tout ce qui lui est étranger. »

« La comparaison est le seul moyen de déterminer l'étendue d'une dimension. Il faut accoutumer de bonne heure les enfans à remarquer que nous ne connoissons les grandeurs ou les quantités que par comparaison, ce qu'il est très facile de leur faire entendre en leur proposant des questions sur la grandeur ou la petitesse des premiers objets que l'on aura sous les mains ou sous les yeux. Ils ne manqueront pas de répondre qu'une table est trop haute, puisqu'ils ne sçauroient y atteindre ; que le grain que l'on donne aux oiseaux est fort petit, qu'ils en mettroient plus de mille dans une main : ainsi leur corps ou leur main sont les termes de la comparaison, c'est là-dessus qu'ils mesurent l'étendue des autres corps. »

L'auteur a toujours eu la préoccupation de

Faire des démonstrations courtes ;

Employer quand cela est possible des vérités de sentiment ;

Résoudre des problèmes utiles, curieux, appliqués aux arts ;

Déduire chaque théorème du précédent ou des plus proches ;

Examiner si la réciproque d'une proposition est vraie.

Il ne repousse pas la démonstration par l'absurde. (Voyez le chapitre sur Arnaud.)

La Société dont parle La Chappelle dans sa dédicace est celle des jésuites.

Les jésuites étaient devenus tout-puissants sous le
règne de Louis XIV, les pères La Chaise et Le Tellier,
confesseurs du roi, avaient été chargés successivement
de la feuille des bénéfices. « C'est sous ce règne qu'ils
sont parvenus, par la confiance et la considération que
Louis XIV leur accordait, à attirer toute la cour dans
leur collège de Clermont. On se souvient encore de la
marque de flatterie qu'ils donnèrent au monarque en
ôtant à ce collège le nom qu'il portait de *la Société de
Jésus*, pour l'appeler *Collège de Louis-le-Grand*. » On fit
à ce sujet le distique suivant :

> *Sustulit hinc Jesum, posuitque insignia regis,*
> *Impia gens; alium non habet illa Deum.*

C'est-à-dire :

> Pour faire place au nom du roi,
> La croix de ces lieux est bannie,
> Arrête, passant, et connois
> Le Dieu de cette race impie.

> (*D'Alembert*, Sur la Destruction des
> jésuites en France, 1765. — Le dis-
> tique et la traduction sont en note
> dans les éditions suivantes.)

CHAPITRE XXXI

Un géomètre n'est pas forcément dénué de sens commun. — Du raisonnement géométrique. — Défectuosité des livres de géométrie. — Sécheresse d'esprit des mathématiciens.

(D'Alembert, 1758, 1759).

Essai sur la société des Gens de lettres et des grands (1).

« ... A examiner les choses sans prévention, pourquoi préfère-t-on à un érudit qu'on néglige, un physicien et un géomètre qu'on entend encore moins, et qui apparemment n'en amuse pas davantage ? L'opinion et l'usage établi ont certainement beaucoup de part à une préférence si arbitraire. Qu'est-ce qui a mis durant quelque tems les Géomètres si fort à la mode parmi nous ? On regardait comme une chose décidée, qu'un Géomètre transporté hors de sa sphère ne devoit pas avoir le sens commun : il était facile de se détromper par la lecture de Descartes, de Hobbes, de Pascal, de Leibnitz, et de tant d'autres ; mais on ne remontait pas jusques-là ; combien de gens pour qui ces grands hommes n'ont jamais existé ! En Angleterre, on se contentoit que Newton fût le plus grand génie de son siècle ; en France, on auroit aussi voulu qu'il fût aimable.

---

(1) Je pense que cet essai a été publié en 1758.

Enfin un Géomètre qui avoit dans son corps une réputation méritée, et dont la Prusse a privé la France, s'est
trouvé par hasard posséder dans un degré peu commun
cet agrément dans l'esprit dont nous faisons tant de
cas, mais qu'il orne par des qualités plus solides, et que
la Géométrie ne peut pas plus ôter quand on l'a, que
les Belles-Lettres ne peuvent le donner quand on ne
l'a pas. Tout-à-coup nos yeux se sont ouverts comme à
un phénomène extraordinaire et nouveau : on a été tout
étonné qu'un géomètre ne fût pas une espèce d'animal
sauvage. Bientôt, comme on n'observe guère de milieu
dans ses jugements, tout Géomètre s'est vu indistinctement recherché : il est vrai que cette manie a duré peu,
non parce qu'on a reconnu que c'étoit une manie, mais
parce qu'aucune manie ne dure dans notre nation. Elle
subsiste cependant encore, quoique foiblement. Mais à
la place de nos Géomètres, il me semble que je ne
serois pas fort flaté de l'accueil qu'ils reçoivent. Les
éloges qu'on leur donne ne sont jamais que relatifs à
l'idée peu favorable qu'on avoit d'eux. C'est un grand
Géomètre, dit-on, et c'est *pourtant* un homme d'esprit;
louanges assez humiliantes dans leur principe, et
semblables à celles que l'on donne aux grands Seigneurs. Ces derniers raisonnent-ils passablement sur
un ouvrage de science ou de belles-lettres, on se récrie
sur leur sagacité; comme si un homme de qualité étoit
obligé par état d'être moins instruit qu'un autre sur
les choses dont il parle. En un mot on traite en France
les Géomètres et les grands Seigneurs à peu près
comme on fait les Ambassadeurs Turcs et Persans; on
est tout surpris de trouver le bon sens le plus ordinaire
à un homme qui n'est ni François ni Chrétien, et en
conséquence on recueille de sa bouche comme des
apophtegmes les sottises les plus triviales. En vérité si

on démêloit les motifs des éloges qué prodiguent les hommes, on y trouverait bien de quoi s'y consoler de leurs satyres, et peut-être même de leur mépris. »

ESSAI SUR LES ÉLÉMENTS DE PHILOSOPHIE, ou sur les principes des connoissances humaines, 1759.

« ... Tout raisonnement qui fait voir avec évidence la liaison ou l'opposition de deux idées s'appelle *démonstration*; les mathématiques n'emploient que des raisonnemens de cette espèce; quelques-unes des autres sciences en fournissent aussi des exemples, quoique moins fréquens; mais le comble de l'erreur seroit d'imaginer que l'essence des démonstrations consistât dans la forme géométrique, qui n'en est que l'accessoire et l'écorce, dans une liste de définitions, d'axiomes, de propositions et de corollaires. Cette forme est si peu essentielle à la preuve des vérités mathématiques, que plusieurs géomètres modernes l'ont abandonnée comme inutile. »

« Cependant quelques philosophes trouvant cet appareil propre à en imposer, sans doute parce qu'il les avait séduits eux-mêmes, l'ont appliqué indifféremment à toutes sortes de sujets; ils ont cru que raisonner en forme, c'étoit raisonner juste; mais ils ont montré par leurs erreurs qu'entre les mains d'un esprit faux ou de mauvaise foi, cet extérieur mathématique n'est qu'un moyen de se tromper plus aisément soi-même et les autres. On a mis jusqu'à des figures de géométrie dans des traités de l'âme; on a réduit en théorèmes l'énigme inexplicable de l'action de Dieu sur les créatures; on a profané le mot de *démonstration* dans un sujet où les termes même de *conjecture* et de *vraisemblance* seroient presque téméraires. Aussi il ne faut que jeter les yeux sur ces propositions si orgueilleusement qualifiées, pour découvrir la grossièreté du prestige, pour démasquer le sophiste travesti en géomètre, pour se convaincre que les titres sont une marque aussi équivoque du mérite des ouvrages que du mérite des hommes. »

« ..... Ce qui rend la plupart des élémens de géométrie si défectueux, c'est moins encore le plan suivant lequel on les traite que l'incapacité de ceux qui l'exécutent. Ces élémens sont pour l'ordinaire l'ouvrage de mathématiciens médiocres, dont les connaissances finissent où se termine leur livre, et qui par cela même sont incapables de faire en ce genre un livre utile. Car il ne faut pas s'imaginer que pour avoir effleuré les principes d'une science, on soit en état de l'enseigner. C'est à ce préjugé, fruit de la vanité et de l'ignorance, qu'on doit attribuer l'extrême disette où nous sommes presque en chaque science de bons élémens. L'élève à peine sorti des premiers sentiers, encore frappé des difficultés qu'il a éprouvées, et que souvent même il n'a surmontées qu'en partie, entreprend de les faire connaître et surmonter aux autres. Censeur et plagiaire tout ensemble de ceux qui l'ont précédé, il copie, transforme, étend, renverse, resserre, obscurcit, prend ses idées informes et confuses pour des idées claires, et l'envie qu'il a d'être auteur pour le désir d'être utile. C'est un homme qui, ayant parcouru un labyrinthe à tâtons, croit pouvoir en donner le plan. D'un autre côté les Maîtres de l'art, qui par une étude longue et assidue en ont vaincu les difficultés et connu les finesses, dédaignent de revenir sur leurs pas pour faciliter aux autres le chemin qu'ils ont eu tant de peine à se frayer eux-mêmes; ou peut être frappés encore de la multitude

et de la nature des obstacles qu'ils ont surmontés, ils
redoutent le travail qui seroit nécessaire pour les
applanir, et que la multitude sentiroit trop peu pour
leur en tenir compte. Uniquement occupés de faire de
nouveaux progrès dans l'art, pour s'élever, s'il leur est
possible, au dessus de leurs prédécesseurs et de leurs
contemporains, et plus jaloux de l'admiration que de la
reconnoissance publique, ils ne pensent qu'à découvrir
et à jouir, et préfèrent la gloire d'augmenter l'édifice
au soin d'en éclairer l'entrée. »

« ..... Nous n'examinerons point une autre question
qui n'a qu'un rapport très indirect à notre sujet, si les
mathématiques donnent à l'esprit de la dureté et de la
sécheresse ? Nous nous contenterons de dire que si la
géométrie (comme on l'a prétendu avec assez de raison)
ne *redressé que les esprits droits*, elle ne dessèche et ne
refroidit aussi que les esprits déjà préparés à cette
opération par la nature. Mais une autre question peut-
être plus importante et plus difficile, c'est de savoir
quel genre d'esprit doit obtenir par sa supériorité le
premier rang dans l'estime des hommes ; celui qui
excelle dans les lettres, ou celui qui se distingue au
même degré dans les sciences ? Cette question est
décidée tous les jours en faveur des lettres (à la vérité
sans intérêt) par une foule d'écrivains subalternes, incapables, je ne dis pas d'apprécier Corneille et de lire
Newton, mais de juger Campistron et d'entendre
Euclide. Pour nous, plus timides ou plus justes, nous
avouerons que la supériorité en ces deux genres nous
paroît d'un mérite égal. D'ailleurs, si le littérateur et le
bel-esprit du premier ordre a plus de partisans parce
qu'il a plus de juges, celui qui recule les limites des
sciences a de son côté des juges et des partisans plus
éclairés. Qui auroit à choisir d'être Newton ou Cor-

neille, feroit bien d'être embarrassé ou ne mériteroit pas d'avoir à choisir. »

Beaucoup de gens croient qu'un mathématicien est forcément un bon joueur. D'Alembert explique (1) qu'il n'en est rien, car « l'esprit du jeu est un esprit de combinaison rapide, qui embrasse d'un coup d'œil et comme d'une manière vague un grand nombre de cas, dont quelques-uns peuvent lui échapper parce qu'il est moins assujetti à des règles qu'il n'est une espèce d'instinct perfectionné par l'habitude ».

_____

(1) *Encyclopédie*, article *Géométrie*.

CHAPITRE XXXII

Fénelon, Bossuet et les mathématiques. — Théorèmes de Varignon sur la Présence réelle.

(D'après d'ALEMBERT, CONDORCET, le P. NICÉRON).

EXTRAIT DE L'ÉLOGE DE BOSSUET (1) par d'Alembert,
avec NOTES de Condorcet.

« De toutes les études profanes, celle des mathématiques fut la seule que le jeune ecclésiastique se crut en
droit de négliger, non par mépris (nous ne craindrons
pas de dire que ce mépris serait une tache à la mémoire
du grand Bossuet), mais parce que les connaissances
géométriques ne lui parurent d'aucune utilité pour la
religion. On nous accuserait d'être à la fois juges et
parties, si nous osions appeler de cette proscription
rigoureuse. Cependant, nous serait-il permis d'observer, tout intérêt particulier mis à part, que le théologien naissant ne traita pas avec assez de justice et de
lumières, une science qui n'est pas aussi inutile qu'il
le pensait au théologien même ; science en effet si
propre, non pas à redresser les esprits faux, condamnés
à rester ce que la nature les a faits, mais à fortifier dans
les bons esprits cette justesse d'autant plus nécessaire,
que l'objet de leurs méditations est plus important ou

---

(1) Bossuet, 1627-1704.
Fénelon, 1651-1715.

plus sublime. Bossuet pouvait-il ignorer que l'habitude de la démonstration, en nous faisant reconnaître et saisir l'évidence dans tout ce qui en est susceptible, nous apprend encore à ne point appeler démonstration ce qui ne l'est pas, et à discerner les limites qui, dans le cercle si étroit des connaissances humaines, séparent la lumière du crépuscule, et le crépuscule des ténèbres? »

« Aurons-nous pourtant le courage d'avouer ici que l'indulgent Fénelon, si opposé d'ailleurs à Bossuet, traitait les mathématiques avec encore plus de rigueur que lui? Il écrivait en propres termes à un jeune homme qu'il dirigeait, *de ne point se laisser ensorceler par les attraits diaboliques de la géométrie, qui éteindraient en lui l'esprit de la grâce*. Sans doute les spéculations arides et sévères de cette science, que Bossuet accusait seulement d'être inutiles à la théologie, paraissaient à l'âme tendre et exaltée de Fénelon, le poison de ces contemplations mystiques, pour lesquelles il n'a que trop marqué son faible. Mais si c'était là le crime de la géométrie aux yeux de l'archevêque de Cambrai, il est difficile de la trouver coupable. »

« En se montrant peu favorable aux mathématiques, Bossuet ne témoigna pas la même indifférence à la philosophie, qui par malheur pour elle ignorait encore combien les mathématiques lui étaient nécessaires. Il goûta beaucoup le cartésianisme, alors très nouveau et naissant à peine... »

« Autant l'évêque de Meaux se montrait contraire à la violence des persécutions (les dragonnades), autant il était inflexible sur les moyens qu'on proposait pour rapprocher la doctrine des protestans de celle des catholiques. En vain un ministre qui avait écrit contre Bossuet, et qui se croyait bien sûr d'avoir eu l'avantage, exhortait son illustre adversaire à montrer du moins en

cette occasion quelque condescendance pour les acco-
modemens qu'on avait imaginés : *La foi*, répondit
l'inexorable prélat, *est une et sévère, et ne saurait se
prêter à des palliatifs ni à des subterfuges*. Leibnitz,
dans sa correspondance avec lui pour la réunion des
protestans à l'Église romaine, lui proposait de n'avoir
aucun égard, dans l'accomodement proposé, aux déci-
sions du concile de Trente. Bossuet répondit avec une
sorte d'ironie pleine d'éloquence et de noblesse : *Sic
itaque per prostrata anteriorum conciliorum cadavera,
ad triste illud et infelix gradiemur concilium* (1). Aussi
Leibnitz s'écriait-il plus d'une fois durant sa négocia-
tion avec Bossuet : *Il nous écrase par l'expression !* Le
philosophe, qui aurait bien désiré, dans cette contro-
verse, ne faire parler que la raison seule, sans éclat et
sans appareil, voulait réduire l'orateur à répondre à ses
questions de la manière la plus simple et la plus
courte, à peu près comme l'Aréopage interdisait autrefois l'éloquence aux avocats. Mais Bossuet pouvait-il
se résoudre, dans une occasion si intéressante pour
lui, à ne pas user de tous ses avantages? Il en résulta
que l'orateur et le philosophe ne purent convenir de
rien. On doit seulement s'étonner qu'un prélat ferme-
ment attaché à tous les principes de l'église romaine,
et un savant éclairé tel que Leibnitz, qui devait connaître l'intolérance catholique en matière de dogme,
pussent espérer quelque succès réciproque dans la
grande affaire qu'ils avaient entrepris de traiter. Peut-
être ne voulaient-ils que déployer l'un et l'autre toutes
les ressources de leurs talens et de leur génie; et le

_____

(1) « Ce sera donc en foulant aux pieds les cadavres entassés des anciens
conciles, que nous irons renverser ce triste et malheureux concile de
Trente. »

succès de l'un et de l'autre à cet égard fut tel qu'ils pouvaient le désirer. »

« Bossuet était persuadé qu'on défendrait très maladroitement la religion catholique, en entreprenant de dépouiller les dogmes de la foi de leur enveloppe mystérieuse, et en se permettant de vaines tentatives pour éclairer des faibles lumières de la raison cette sainte obscurité. Que doivent penser, disait-il, les catholiques éclairés, d'une prétendue explication physique qu'on a voulu donner de la présence réelle? Il voulait parler d'une explication de ce mystère, qu'un dévot mathématicien avait pris la malheureuse peine de rédiger en forme géométrique (1); entreprise qu'on peut comparer

---

(1) « On ne sera peut-être pas fâché de trouver ici ces étranges théorèmes sur *la présence réelle*, dût-on gémir, après les avoir lus, sur la sottise de l'esprit humain. Ils sont l'ouvrage du géomètre Varignon, qui les a rédigés à peu près de la manière suivante :

THÉOR. I. *Pour faire un homme, il faut un corps et une âme.*

Cor. 1. Donc, pour faire deux hommes, il faut deux corps et deux âmes ; pour faire trois hommes, il faut trois corps et trois âmes, etc.

Cor. 2. Donc, si une seule âme est unie à plusieurs corps, le tout ne fera qu'un seul homme, surtout si ces corps sont semblables, et exécutent les mêmes actions et les mêmes mouvements.

THÉOR. II. *Un pygmée, un nain, est un homme ainsi qu'un géant.*

Cor. 1. Donc le volume plus ou moins grand du corps humain ne fait rien à l'essence de l'homme.

Cor. 2. Donc un corps humain, s'il est uni à une âme, peut être de telle petitesse qu'on voudra, et même d'une petitesse imperceptible sans que le composé de cette âme et de ce corps cesse d'être un homme.

Cor. 3. Donc si une même âme est réunie à une quantité prodigieuse de corps humains, quelque petits qu'ils soient, le tout fera un homme, et un seul homme *(Cor. précédent et cor. 2 du théor.)*

THÉOR. III. *Un enfant devenu vieux reste toujours le même homme, le même moi qu'il était, quoiqu'il n'ait peut-être conservé aucune particule de son premier corps, parce que la même âme y reste toujours unie.*

Cor. Donc si l'âme de Jésus-Christ est unie à un corps humain quelconque, différent de celui que le Fils de Dieu avait sur la terre, on pourra dire que ce composé de corps et d'âme est le même Fils de Dieu qui s'est fait homme et qui a habité parmi nous.

Cor. général. Donc si au moment de la consécration, on suppose que toutes les particules du pain, aussi petites qu'on aura besoin de l'imaginer, soient transformées chacune en un petit corps humain imperceptible, et que l'âme de Jésus-Christ soit unie à chacun de ces petits corps, il en résultera un composé qui ne sera, par les propositions précédentes, qu'un seul

à celle du *savant* Caramuel de Lobkowitz (1), dans son grand ouvrage intitulé *Mathesis audax* (*mathématique audacieuse*), où l'auteur, géomètre intrépide et théologien lumineux, résout, par le secours seul de la règle et du compas, toutes les questions théologiques, principalement celles qui concernent le libre arbitre et la grâce. »

« Notre siècle même, tout éclairé qu'il est ou qu'il croit être, n'est pas exempt de la pieuse extravagance du géomètre Varignon. Nous avons sous les yeux une petite brochure composée, il y a quelques années, par un jésuite métaphysicien et mathématicien, pour expliquer à sa manière, et, si on l'en croit, suivant les principes de la saine physique, *le grand mystère du très-saint Sacrement de l'autel*. Le principe de l'auteur est que les corps physiques, comme l'expérience le prouve, ont beaucoup plus de pores que de parties solides ; mais qu'en resserrant ces parties et détruisant tous ou presque tous les pores, le corps ne changera point de nature, quoiqu'il devienne beaucoup plus petit, et même d'un volume imperceptible. Notre jésuite suppose donc que le corps de Jésus-Christ, ainsi resserré et presque sans pores, est renfermé tout entier dans chaque atome de l'hostie consacrée ; par là le théologien, soi-disant *philosophe*, explique avec une facilité extrême les principaux points du mystère eucharistique. »

« L'évêque de Meaux n'approuvait pas davantage l'idée

---

homme et le même Fils de Dieu qui s'est incarné, et qui habite au ciel ; en divisant le pain, le Fils de Dieu restera tout entier dans chaque partie, et sera reçu tout entier par ceux qui communient, etc. »

(1) L'évêque Caramuel vivait de 1606 à 1682. « C'était un homme d'une érudition profonde, mais peu solide, d'une imagination extrêmement vive, grand parleur et grand raisonneur, mais à qui le jugement manquait. » (Nicéron.)

Varignon, né en 1654, est mort en 1722. Son livre a été publié à Genève, 1730.

chimérique de ces théologiens, qui, pour expliquer comment le corps d'un Dieu dans l'eucharistie est présent en plusieurs lieux à la fois, donnent à ce corps *une vitesse infiniment plus grande que le coursier le plus rapide; en sorte que durant la même seconde, il puisse se trouver dans tous les lieux de l'univers où la consécration exige sa présence*; imagination qu'on pourrait appeler *ridicule*, s'il n'était pas plus juste de la nommer *scandaleuse*, puisqu'elle outrage et avilit la religion en lui prêtant de si frivoles appuis : car malheureusement pour ces chimères physico-théologiques, le concile de Trente a décidé que le Fils de Dieu est présent dans l'eucharistie d'une manière *incompréhensible*. Ce concile a eu certainement très grande raison de le décider ainsi, et il est tout à la fois absurde et mal-sonnant de vouloir rendre intelligible ce que la foi nous déclare être ineffable. On serait plus excusable d'imiter la pieuse soumission de ce roi de France, qui, passant près d'une église de village, où on l'assura qu'il verrait *clairement la présence réelle*, refusa d'en être témoin, *pour ne pas perdre le mérite de sa foi*. »

LETTRE CXLVIII DE FÉNELON

(Œuvres spirituelles, éd. d'Amsterdam, 1723, t. III, p. 1374.)

Avis de franchise et de candeur, de fidélité, d'humilité et de vérité, fuir les curiosités.

« Je ne vous écris, mon bon et cher Fils, que deux mots, pour vous recommander de plus en plus la franchise. Les retours de délicatesse sur vous-même font la plûpart de vos infidélitez et de vos peines. Plus vous serez simple, plus vous serez souple et docile : pour l'être véritablement, il faut l'être pour tous ceux qui nous parlent avec charité. O que cet état d'être toûjours prêt à être blâmé, méprisé, corrigé, est aimable aux yeux de Dieu! Vous m'êtes infiniment cher : *Despouat enim te unus viro virginem castam exhibere Christo.* (Je vous ai fiancé à cet unique Époux, qui est Jésus-Christ, pour vous présenter à lui comme une vierge toute pure.) »

« Soïez bon homme, sans hauteur, ni décision, ni critique, ni dédain, ni délicatesse, ni tour de passe-passe d'amour-propre. Soïez vrai, ingénu, en défiance de vôtre propre sens. Soïez fidèle à renoncer à vôtre vanité et aux sensibilités de vôtre amour-propre dès que Dieu vous le montre intérieurement. *Pendant que la lumière luit, suivez-la pour être enfant de lumière.* Je prie Dieu qu'il vous rende doux, simple, et enfant avec Jésus né dans une crèche. Ne soïez point habile, ni décisif, ni atentif aux fautes d'autrui, ni délicat et facile à blesser, ni meilleur en aparence qu'en vérité. O que la vérité est mal-traitée dans ce qui paroît le meilleur en nous! »

« Retranchez toutes les curiositez qui passionnent, et soïez fidèle à ne parler jamais sans nécessité de ce que vous sçaurez mieux qu'un autre. Sur tout ne vous laissez point ensorceller par les atraits diaboliques (1) de la *Géométrie* : rien n'éteindroit tant en vous l'esprit intérieur de grace, de recueillement, et de mort à vôtre propre esprit. »

LE SYSTÈME DE VARIGNON, d'après le P. NICÉRON (1732.)

« *Démonstration de la possibilité de la présence réelle du corps de Jésus-Christ dans l'Eucharistie.* Inséré à la page 8e d'un Recueil intitulé *Pièces fugitives sur l'Eu-*

---

(1) Voyez l'*Intermédiaire des mathématiciens*, question 1246, mars 1898.

charistie. Genève, 1730, in-8°. M. Varignon y a suivi la méthode des géomètres. Voici son système :

« La plus petite partie de matière qu'on puisse concevoir est susceptible de tous les arrangemens possibles et peut avoir par conséquent tous les organes du corps humain.

» 2° La grandeur de 4, 5 ou 6 pieds n'est nullement essentielle à la matière d'un tel corps puisqu'un enfant dont le corps n'a qu'un pied ne laisse pas d'être homme : de là descendant jusqu'aux *infiniment* ou *indéfiniment petits,* une partie indéfiniment petite ne laissera pas d'être un corps humain.

» 3° L'*identité* du corps ne dépend point de l'*identité* de matière, puisque par la continuelle expulsion des parties qui composent un corps humain et par la subrogation d'autres parties qui chassent celles-là, il arrive que la substance de ce corps change tellement qu'au bout de quelques années il ne reste plus aucune des parties dont il était composé au temps de sa naissance. Cependant c'est toujours le même corps, parce que c'est toujours la même âme qui l'*informe* et qui l'anime. Ainsi l'*identité* du corps dépend uniquement de l'*identité* de l'âme.

» 4° L'union de l'âme avec le corps consiste dans la correspondance mutuelle des mouvemens du corps, et des pensées de l'âme. Il n'est point impossible qu'une seule âme soit unie de la sorte à plusieurs corps, c'est-à-dire que plusieurs corps ayent divers mouvemens à l'occasion des pensées de la même âme, et que cette âme ait diverses pensées à l'occasion des mouvemens de plusieurs corps.

» 5° Comme l'âme, qui ne change point, est proprement ce qui fait *le moi,* soit qu'elle s'unisse à un seul corps ou à plusieurs, il n'y a toujours qu'un seul homme, parce qu'il n'y a qu'un seul *moi*. D'où il s'ensuit qu'un même homme peut être en plusieurs lieux à la fois sans contradiction, parce que c'est une seule âme qui informe des corps séparés les uns des autres.

» 6° Toutes ces particules infiniment petites qui se trouvent dans une Hostie et que la Puissance divine y organise en un instant en sorte qu'elles sont de vrais corps humains ne paroissent cependant que ce qu'elles paroissoient avant leur Transubstantiation parce qu'elles gardent entre elles le même ordre qu'elles avoient lorsqu'elles n'étoient que du pain. Elles continuent d'affecter nos sens de la même manière.

» 7° Qu'on rompe cette Hostie, ces petits corps humains ne souffrent pourtant aucune lacération; leur petitesse les met à l'abri de cette sorte d'injure : il n'y a nul instrument qui puisse les frapper, les percer, les déchirer. »

CHAPITRE XXXIII

L'art d'enseigner. — Manque de savoir-vivre de l'écolier. — Danger des longs sermons. — Ruse d'auteur.

(L'abbé DE LA CHAPPELLE, 1763).

————————

L'ART DE COMMUNIQUER SES IDÉES, enrichi de notes historiques et et philosophiques, par M. de la Chappelle, Censeur Royal. (1763, in-12).

Dans ce livre intéressant l'auteur revient longuement sur son autre ouvrage, que nous avons déjà analysé. Il donne ici un véritable plan d'études :

On devrait enseigner la grammaire française avant la grammaire latine, or « on fait le contraire dans les Collèges, où il est même fort rare que l'on enseigne le françois ». — Il est préférable de faire des versions latines avant des thèmes latins, or « on pratique le contraire dans les Collèges ». — Les thèmes et versions de langues devraient être pris dans un cours d'histoire professé immédiatement avant la classe de langues. — Le vrai moyen d'apprendre les langues serait d'envoyer nos jeunes élèves, vers l'âge de huit ou neuf ans, à Vienne, à Londres, à Florence, à Rome : on établirait avec les pays voisins des échanges d'enfants. — Il est regrettable que beaucoup de professeurs distingués de Paris perdent l'usage de parler en latin : faut-il donc abandonner le projet d'une langue universelle? et par cet usage funeste on amène aux cours beaucoup de jeunes gens médiocres, au lieu de quelques *ingenui viri* soit français, soit étrangers, que l'on groupait auparavant.

L'abbé de la Chappelle constate que « dans les Collèges on travaille fort long-temps et presque toujours sur ce que l'on n'entend pas » et il le prouve :

« Il est certain que les mots ont été inventés pour rappeller ou représenter les idées ou les impressions que font sur nous les objets sensibles. Si on ne les a pas vus, touchés, sentis, goûtés, entendus, ou connus de quelqu'une de ces manières, ou enfin qu'on ne les puisse pas comparer à rien de ce que l'on connoît, on conçoit, et l'expérience le prouve, que le discours n'est alors que du bruit ou des sons vuides de sens. Les jeunes gens s'accoutument facilement par là à regarder des mots peu communs comme des idées rares, et des phrases bien résonnantes comme des pensées fort sublimes ; et voilà précisément d'où viennent les déclamations si fréquentes de l'art oratoire. »

« Ceux qui ont un peu vécu dans le monde n'ont-ils pas été frappés de la différence d'une jeune fille, élevée sous les yeux d'une mère raisonnable, à un jeune homme qui fait ou qui a presque fait ce que l'on appelle ses études ? La première a communément un maintien aisé, se sert de mots et non de phrases, narre avec clarté, s'explique sans embarras, oublie les liaisons des mots et en met dans les faits : elle connoît tout ce qui est d'usage, et elle est modeste. »

« Un écolier ordinaire, accoutumé à se permettre tout avec ses camarades, ne sait plus ce qu'il faut se permettre devant le monde. Il est gauche, décontenancé, articule mal, cherche ses mots, conte sans ordre, il est plein de *car* et de *mais*, veut tout lier, ne lie. rien, fait des phrases et se croit un habile homme. Qui ne seroit pas instruit de nos intentions s'imagineroit que le frère a fait ses études, pour être à sa sœur un objet de ridicule. »

« On ne trouve ce jeune homme si gâté que parce qu'il a toujours vû, dans ses classes, applaudir à des phrases nombreuses et bien cadencées : on l'a toujours fait parler comme on ne parle point, il a pris du françois extraordinaire pour du beau françois. »

« On lui a mis cependant entre les mains des Auteurs pleins d'esprit et d'idées très fines. : il ne les entendoit pas, et n'étoit point à portée de les entendre. Il n'avoit ni assez vécu, ni assez éprouvé, ni assez réfléchi. Comment juger de la finesse. d'une pensée, si on ne connoît ni les mœurs ni le cœur humain ? Comment apprécier la justesse d'une comparaison, quand on ne sait ni les choses comparées ni leurs rapports ? »

Dans un autre ordre d'idées, De la Chappelle exprime le désir que les sermons durent au plus une demi-heure :

« Ce n'est pas seulement à l'Ame que l'on a à faire ici, mais à l'Ame unie au Corps. Si l'Esprit ne se lasse jamais de s'instruire dans le silence et la tranquillité, le Corps s'appesantit et souffre dans l'inaction. Que l'on y prenne garde : la plaisanterie, qui met *force pavots* dans la plupart des Sermons, est assez souvent très-déplacée. C'est le grand calme trop continué des objets, c'est la monotonie de la voix qu'on entend, c'est l'attention qui suspend la fonction des sens, c'est la longueur du recueillement, c'est le tems même choisi pour prononcer un Sermon, qui causent assez communément

ces Accidens soporeux, si contraires à l'édification
publique. »

« Un Prédicateur prudent n'assemblera ses Auditeurs
qu'à des heures fort éloignées des Repas ; autrement
les personnes mêmes les plus pieuses succomberont,
ou seront exposées à succomber sous le travail et les
effets de la digestion ; et ce ne sera ni indifférence ni
vice de volonté qui méprise, mais un pur effet physique,
un vrai besoin du Corps qui entraîne. »

« Que l'Orateur sacré joigne à la prudence dont je
viens de parler l'attention de faire un Sermon court et
bien plein sur les devoirs de chaque Etat et sur les vices
qui lui sont particuliers, il évitera infailliblement de
mettre le Corps de ses Auditeurs en contradiction avec
leur Esprit. J'ai remarqué qu'après une demi-heure
d'attention l'assoupissement ou l'ennui gagnoit beaucoup de gens. La vraie mesure d'un Sermon ne doit
donc guère passer cette étendue. »

Au sujet des Mathématiques, l'auteur dit ceci :
« autrefois que l'on avoit vû et que l'on avoit réellement affecté de laisser des mystères sur tout, on s'étoit
persuadé qu'il falloit pour ces Sciences des esprits d'une
trempe singulière. Depuis que la clarté est une qualité
essentielle, même dans les meilleurs Ouvrages,... cette
opinion, vraie il y a cent ans, n'est plus aujourd'hui
qu'un faux préjugé. »

Il raconte enfin qu'en publiant la troisième édition de
ses *Institutions de géométrie*, il eut l'idée de se décerner
à lui-même des éloges dans sa préface, espérant ainsi
amener une pluie de critiques amères mais utiles.
Cette ruse ne réussit guère « les écrits périodiques

me - reprochèrent peu de chose, sans me montrer à faire mieux ; dans les propos particuliers je fus moins ménagé et encore moins instruit ». Il prie cette fois les mécontents de publier leurs observations dans le *Mercure*.

CHAPITRE XXXIV

Essai de quadrature du cercle tenté sous l'invocation du Saint-Esprit.

(DE VAUSENVILLE, de Vire, 1771).

ESSAI PHYSICO-GÉOMÉTRIQUE. Exposé à la Censure du Public, et nominativement à celle des Physiciens-Géomètres, Professants dans les Universités, Collèges et Académies, lesquels sont priés et invités de le réfuter, et d'en rendre la réponse par les Journaux Littéraires. — Avec une lettre d'Invitation particulière à M. d'Alembert, pour le réfuter aussi, s'il y a lieu. — Dédié à Sa Sainteté et aux Monarques. — Par M. Le Rohberg-Herr de Vausenville, Astronome, Correspondant de l'Académie Royale des Sciences de Paris, Historiographe de la ville Vire, etc. — « Virtus omni obice major (1). » — (Paris, 1778, in-8°).

Le sieur de Vausenville, connu par quelques calculs d'éclipses, par l'invention d'un réverbère et par celle de machines à rayer le papier (2), était arrivé par des considérations mécaniques et géométriques à énoncer le théorème suivant :

Dans un secteur circulaire, les droites qui joignent les extrémités de l'arc au centre de gravité du secteur divisent celui-ci en deux parties équivalentes.

---

(1) Le courage ne connaît pas d'obstacle.

(2) L'essai que j'ai vu était broché avec une feuille de ce papier de musique.

Partant de là, de Vausenville parvenait à une relation numérique entre le rayon du cercle et sa circonférence, et la quadrature du cercle se trouvait résolue. Mais ce théorème est inexact, ainsi qu'il est aisé de le vérifier.

L'ouvrage est précédé de deux épîtres, une préface et un avant-propos. Voici la première épître (la seconde est adressée au pape) :

Épître aux Monarques de France, d'Europe et de la Terre

Sires,

« Vos Majestés sont les images de la Divinité en terre : c'est à vos soins généreux que l'Être suprême a commis le gouvernement du Genre humain, pour accomplir ses divins décrets, et encore pour faire éclater à sa gloire les merveilles que sa Toute-puissance a bien voulu créer dans la nature, pour le bonheur et la félicité de la race des hommes. »

« Le Ciel, dans mon partage, m'a fait la gloire, Sires, de m'accorder certaine mesure d'intelligence, que je crois avoir mis à profit dans la découverte de plusieurs choses difficiles, notamment dans les deux mentionnées dans cet écrit, utiles au Genre humain et importantes à la Physique. Elles ont résisté à l'adresse et à la sagacité de tous les grands Hommes, tant anciens que modernes. »

« Permettez, Sires, de vous en faire hommage : c'est un présent de l'Être suprême, qui a bien voulu se servir de ma voie comme d'un organe disposé par sa sainte volonté pour les révéler à l'Univers. C'est dans les mains sacrées de Vos Majestés que je les dépose pour en illustrer et accroître, s'il se peut, les connoissances

intellectuelles, et afin d'en faire part au Genre humain :
elles peuvent servir à de grands desseins. Ce sont les
étrennes que j'ai l'avantage de présenter au commencement de cette année 1778. »

« La grâce que j'espère, Sires, de Vos Majestés, en
faveur de l'Humanité, est de vouloir bien recevoir ces
Enfans de lumières sous l'égide de vos augustes Pro-
tections, afin de les faire examiner scrupuleusement, et
par là les mettre à couvert des injustices et fomenta-
tions que produisent la rivalité, l'envie, la jalousie et
l'intérêt toujours prêts à s'élever pour éteindre les
connoissances intellectuelles. Les Nations béniront les
mains bienfaisantes qui veillent en même tems à leur
conservation et à les éclairer sur des choses par eux si
longtems désirées. »

« Quant à moi, Sires, trop flaté d'être l'instrument
dont la Toute puissance a bien voulu se servir en cette
occasion, je ne désire que la paix, et d'être à couvert des
traits de la jalousie et de l'injustice : c'est le premier
fruit qu'un Auteur peut goûter. D'ailleurs je me croirai
trop récompensé si je puis, par mon travail, mériter
l'estime des Puissances et du Genre humain, et en
même tems obtenir la permission de me dire avec le
plus profond respect, Sires, de Vos Majestés, le très
humble, très fidèle sujet et très soumis serviteur. »

De Vausenville avait donné une très grande publicité
à son œuvre et l'avait envoyée, en France, aux Université, Collèges et Académies.

Malgré ces soins, l'Académie des Sciences écarta
dédaigneusement l'ouvrage de De Vausenville, en se
bornant à affirmer la fausseté des propositions de l'auteur. Celui-ci en fut outré, d'autant plus qu'on avait
renvoyé son Mémoire à un Commissaire spécial de

l'Académie, chargé d'examiner les inepties, et nommé
paraît-il « le Commissaire des Enfans perdus ». Il s'en
plaignit vainement dans une longue lettre à d'Alembert, où nous relevons les détails suivants :

Un sieur *Coué*, inventeur d'un cuir à rasoir, fit
approuver son invention par deux commissaires, alors
que lui, de Vausenville, n'en a eu qu'un.

Charles V fit élever une statue à *Guillaume Bukel* (1),
qui inventa l'art de saler et d'encaquer les harengs :
que ne ferait-on pas pour le quadrateur du cercle ?

Les quadrateurs du cercle ont eu tous la manie d'exal-
ter les avantages que tirerait le commerce de leur
découverte. Voici ce que l'on trouve dans l'ouvrage
susdit :

« Note du Censeur. — La quadrature du cercle n'a
aucun rapport direct, ni indirect, avec les avantages du
commerce : c'est la manie de tous les quadrateurs de
vouloir le faire croire. »

« Réponse. — C'est la manie des anti-quadrateurs de
vouloir faire croire le contraire, et d'assujettir les idées
d'autrui à leur façon de dire. Mon Censeur eût parlé
plus juste, s'il m'eût réduit à la nécessité de le prouver. »

On peut se demander aussi quels avantages pouvaient
pousser tant de gens à rechercher la quadrature du
cercle. La *Gazette de France* nous l'apprend : vers cette
époque, un M. de Méley avait légué 50.000 écus pour
sa découverte. De plus, le Trésorier de la Marine devait
payer : 5.000 livres sterling à quiconque trouverait la

(1) Bukel, né en Zélande, est mort en 1397. On dit que pendant son séjour
dans les Pays-Bas, Marie de Hongrie vint pour rendre hommage à la mémoire de l'inventeur manger un hareng sur sa tombe ?

manière de déterminer la longitude en mer, à un degré près ; 7.500 livres à deux tiers de degré près et 10.000 livres à un demi-degré près. Chacun s'efforçait donc de cumuler les deux avantages, et de Vausenville ne s'en cache pas. L'exemplaire que j'ai vu porte les lignes suivantes manuscrites :

« Présenté à Sa Majesté Louis XVI, à la Reine et à la famille Royale le 6 août 1778, et aux Ministres. »

Enfin l'essai proprement dit se termine ainsi :

« Fait à Paris en France, l'an de J.-C. 1771, mis en ordre au Calvaire du Mont-Valérien, en l'année 1775, sous l'invocation du Saint-Esprit ».

L'usage s'introduisait donc à cette époque d'envoyer des livres aux professeurs comme hommage. Voici un autre document qui l'établit :

Dans les « Institutions mathématiques » de l'abbé Sauri (1777) on lit ceci :

« La considération que nous avons pour Messieurs les Professeurs de Philosophie, nous a porté à exiger de notre libraire qu'en faisant l'envoi de nos Institutions pour les différents Collèges de Province, il enverroit en même-tems gratuitement un exemplaire au Professeur pour lequel se feroit cet envoi, afin que Messieurs les Professeurs ne soient pas obligés d'acheter un nouveau livre à chaque nouvelle édition. »

L'exemplaire de cet ouvrage que nous avons eu entre les mains porte cette inscription :

Joannes Franciscus Barbot, studens in Collegio nannetensi. Die 4^a mensis 9^{bris} anni 1780 in logico.

CHAPITRE XXXV.

Lettres à une jolie femme sur le cadastre.

(D. DE V., 1814).

LETTRES A UNE JOLIE FEMME SUR LE CADASTRE, écrites de Paris par le maire d'une commune de ses environs.

> « En amour : triomphes, défaites,
> Au théâtre : succès, revers,
> Tout, jusqu'aux sciences abstraites,
> Chez les Français se traite en vers. »

Ce petit in-18 de 84 pages, écrit facilement et avec clarté, avait évidemment été commandé à son auteur, D. de V., par le Gouvernement impérial. On lit en effet dans la préface :

« Souvent les maires et les habitants des campagnes qui ne savent pas au juste à quoi s'en tenir sur les résultats du cadastre, s'arment de défiance contre cette opération, reçoivent avec inquiétude les agents chargés de la faire, et fournissent aux experts des renseignements inexacts qui exposent ceux-ci à l'inconvénient d'achever des travaux établis sur des bases vicieuses et au désagrément de les recommencer. »

« Cet ouvrage, que sa brièveté, que les vers qu'il renferme engageront peut-être à parcourir de préférence à de longues instructions, éclaireront les propriétaires qui le liront sur les véritables intentions du Gouvernement, leur fera connaître les avantages réels du Cadastre, et parviendra par suite à dissiper leurs craintes. »

C'est une suite de lettres, dont la première est datée du 1ᵉʳ mars 1813 écrites à une jeune veuve nommée Julie :

> « Combien à la géométrie
> Les hommes doivent de succès !
> Sans elle eût-on connu jamais
> Du soleil avec nous la distance infinie ?
> Belle Julie ! oui, depuis fort longtemps
> Cette science et me plaît et m'entraîne !
> Je voudrais avec vous essayer mes talens...
> Devenez arpenteur et je porte la chaîne. »

Je ne sais pas quel est l'auteur de ce petit chef-d'œuvre de vulgarisation, qui méritait du succès. D. de V. termine par un conte intitulé « la Sage-femme mystérieuse ».

CHAPITRE XXXVI

Note relative à l'état des mathématiques avant le XVIᵉ siècle et à l'université de Paris.

Dans ses capitulaires, Charlemagne recommande aux évêques de faire apprendre aux enfants la grammaire, le chant et le calcul. Mais les nobles occupés de batailles, les serfs attachés à la terre n'étudiaient pas, et il restait comme écoliers les seuls candidats à la cléricature. Ils apprenaient en mathématiques quelques règles usuelles d'arithmétique et le compute, c'est-à-dire la manière de calculer l'époque de Pâques (1) et par suite des fêtes mobiles. On sait que la cour de Louis le Débonnaire était remplie de moines savants et comme d'ordinaire intrigants : « il n'y avait point d'affaires où ils n'eussent part », dit un abbé du xviiᵉ siècle. Mais peu de temps après, l'effondrement de l'Empire, les incursions des Normands rendirent les études impossibles et amenèrent une excessive rareté des livres (2). Vers la fin du xiiᵉ siècle furent

---

(1) A une époque beaucoup plus récente, Paul Gérard de Middelbourg, docteur de l'Université de Louvain, « se fit beaucoup d'ennemis par son savoir et par ses opinions sur le temps précis de la célébration de la Pâque et sur l'année, le jour et la férie de N. S. C'est lui qui sollicita Jules II et le concile de Latran à réformer le calendrier ». (*Origine de l'imprimerie*, par Lambinet, 1810).

(2) Beaucoup plus tard, la bibliothèque de Charles V compte 980 volumes (1371).

connues en France les découvertes des Arabes en mathématiques et en médecine, et aussi par eux les œuvres (1) d'Aristote. Les universités se fondèrent, et celle de Paris prit aussitôt un essor extraordinaire : on vint à Paris étudier de tous les pays voisins, d'Italie, d'Angleterre, d'Allemagne, et on cessa de fréquenter les écoles des cathédrales et des monastères.

Quatre facultés, théologie, droit, médecine, arts, formaient l'Université des études ou Université. Un maître ès arts devait pouvoir enseigner tous les arts libéraux, grammaire, rhétorique, dialectique, arithmétique, musique, géométrie, astronomie; il y avait des traités des arts libéraux faits par le vénérable Bède et par Cassiodore (2). La Faculté des arts, nettement séparée des trois autres dites supérieures, réussit ensuite à prendre la prééminence.

Les lignes qui suivent sont empruntées principalement à l'*Histoire de l'Université de Paris, depuis son origine jusqu'à l'année 1600*, par M. Crevier, professeur émérite de rhétorique en l'Université de Paris, au Collège de Beauvais, 7 vol. in-8°, 1761. On trouvera dans cet ouvrage des documents intéressants sur la puissance de l'Université de Paris, les privilèges à elle accordés par les papes et les rois, son rôle politique et religieux, les cessations de leçons et de sermons qu'elle ordonnait pour obtenir justice.

L'Université s'efforce toujours d'assurer dans son sein la prééminence aux séculiers, pensant bien que les réguliers cherchent d'ordinaire l'intérêt particulier de leur

---

(1) Quelques-unes au IX° siècle.

(2) Trésorier et ministre des finances de Théodoric. Né en 468, il commença à quatre-vingt-treize ans, dit-on, un *Traité de l'orthographe*.

ordre, alors que les séculiers sont libres de tout enga-
gement différent de celui qui les lie à la religion et à
l'état. En 1761 l'Université est ainsi composée :

TABLEAU DE L'UNIVERSITÉ DE PARIS, 1761.

« L'Université de Paris est composée de sept compagnies savoir :

La Faculté de Théologie, qui a pour chef le plus ancien de ses Docteurs séculiers, sous le nom de Doyen.

La Faculté des Droits, qui n'avoit été établie que pour
le Droit Canon, mais qui est autorisée par l'Ordonnance
de 1679 à enseigner aussi le Droit Civil. Elle a son
Doyen, qui est choisi chaque année entre ses Professeurs suivant l'ordre d'ancienneté.

La Faculté de Médecine, qui a un doyen électif, dont
la charge dure deux ans.

La Nation de France,

La Nation de Picardie,

La Nation de Normandie,

La Nation d'Allemagne, autrefois d'Angleterre.

Ces quatre Nations ont chacune leur chef, que l'on
appelle Procureur, et qui change tous les ans.

Toutes ensemble elles forment la Faculté des Arts :
mais elles n'en sont pas moins quatre compagnies distinctes, dont chacune a son suffrage dans les affaires
générales de l'Université.

Le Recteur choisi par les Nations, ou leurs représen-
tans, et tiré du Corps de la Faculté des Arts, est chef de
la Faculté des Arts en particulier.

Trois principaux Officiers qui sont perpétuels,

Le Syndic,

Le Greffier,

Le Receveur,

Tous trois Officiers de l'Université, et tous trois tirés de la Faculté des Arts. »

L'Université semble pouvoir remonter jusqu'à Alcuin, qui sous le règne de Charlemagne enseignait avec succès les arts, et nommément le comput et l'astronomie.

Gerbert (le pape Silvestre II, mort en 1003) est grand admirateur de la géométrie qu'il cultive. Au XIᵉ siècle, la philosophie renfermait l'arithmétique, la musique, la géométrie et l'astronomie; saint Anselme (1033-1109) emploie la méthode géométrique dans la théologie scolastique.

La splendeur de l'école de Paris commence au XIIᵉ siècle sous Guillaume de Champeaux, dont Abailard est l'élève, puis bientôt le rival. La discipline de l'Université est déjà établie; il faut pour devenir bachelier prendre pendant un certain temps la leçon d'un maître, et pendant tout le carême les candidats au baccalauréat expliquent dans un discours suivi quelque matière de logique ou quelque point de doctrine : cet examen préliminaire s'appelle déterminance. Le bachelier, pour obtenir la licence ou permission d'enseigner, devait faire des conférences publiques sous la présidence d'un docteur. Dès le temps d'Abailard, les conciles de 1138 et de 1179 commandent que la licence soit gratuite. En 1215 le légat Robert de Courçon réforme l'Université.

Au XIIᵉ siècle les mathématiques, très négligées, sont comprises sous le nom de quadrivium (1). On cite comme s'en occupant Jean de Salisburi (1110? — 1180).

---

(1) Il y avait « deux classes ou bendes » d'arts libéraux, l'une dite triviale : grammaire, rhétorique, dialectique ; l'autre dite quadriviale : arithmétique, géométrie, musique, astronomie.

(*Arithmétique* de Jean Trenchant, 1572.)

La plupart des collèges se fondent au milieu du XIIIᵉ siècle, très peu avant. On a été frappé de constater que, dans une même maison, existent au premier étage une école, et au-dessous un lieu de débauche : il est urgent d'y remédier.

La faculté des Arts réussit à attribuer à son chef la préséance sur toute l'Université, dès 1250. Une bulle du 14 avril 1255 constate l'existence des quatre facultés.

Le collège d'Harcourt est fondé en 1280; le collège de Navarre est établi par Jeanne, épouse de Philippe le Bel, en 1304 et ouvert en 1316.

Le 31 janvier 1310, se produit une éclipse de soleil qui avait été prévue et prédite par « des clercs de Paris, savans dans la faculté d'astronomie ».

A la fin du XIVᵉ siècle fleurissent quelques astronomes dont l'un, Pierre d'Ailli, propose pour corriger le calendrier d'omettre un jour bissextil tous les cent trente ans. En 1366, les cardinaux de Montaigu et de Saint-Marc introduisent dans le programme des connaissances exigées pour devenir maître es arts la lecture de quelques ouvrages de mathématiques ; les écoliers doivent être modestes, écouter leurs maîtres en étant assis non sur des sièges élevés, mais sur de la paille.

Le concile de Paris (1408) distingue cinq Univer-sités, Paris, Orléans, Angers, Toulouse, Montpellier. — Charles V fonde deux bourses pour des étudiants en mathématiques.

Le cardinal d'Estouteville, légat du pape, ordonne dans son statut de 1452 la lecture de quelques ouvrages de mathématiques, pour la licence de philosophie (1).

(1) « Les souverains des collèges estoient appellez Magistri Pædagogi, aut Principales Pedagogi, et ceux qui enseignoient les enfans aux classes, tantost Regentes, tantost Submonitores. » — Déjà en 1250, Robert de Sorbon avait au moment de la fondation de la Sorbonne le titre de Proviseur.

Au XVI⁰ siècle, « les mathématiques sont comparables
à une espèce de magie renfermée dans un petit nombre
de personnes : Ramus (1) est un de ceux qui ont con-
tribué à les tirer de ce secret mystérieux et à en répan-
dre la connaissance », il fonda de ses deniers une chaire
de mathématiques.

L'Université fut en guerre avec les moines de Saint-
Germain de 1548 à 1551 à propos du partage du Pré-
aux-Clercs. Le célèbre Oronce Fine (1494-1555), professeur royal, qui avait la réputation de savoir construire
des machines et des cartes géographiques, fut chargé de
mesurer le pré et d'y trouver les vestiges d'un ancien
chemin.

L'Université n'avait jamais reconnu que la seule autorité souveraine du pape : les légats réglaient les querelles fréquentes entre elle et les différentes juridictions
de Paris. La réforme de 1452 est la dernière faite par
l'autorité ecclésiastique : les troubles de la Ligue apai-
sés, Henri IV réorganise l'Université. D'après le statut
du 18 septembre 1600, les professeurs expliqueront à
leurs écoliers, dans la deuxième année de philosophie,
quelques livres d'Euclide ; dans tout le cours des études
le français est interdit, et même les professeurs doivent
toujours employer le latin lorsqu'ils s'adressent à leurs
élèves. Le statut condamne aussi chez les écoliers tout
ce qui sent l'affection et la recherche, et il défend la
frisure des cheveux.

L'Université a toujours été hostile aux jésuites (2) :

<hr>

(1) Ramus ou plutôt La Ramée, né en 1515, s'était fait à douze ans le domes-
tique d'un écolier du collège de Navarre, pour pouvoir en suivre les cours.
Il fut assassiné en 1572, à l'instigation du professeur Charpentier son rival.

(2) Voyez Œuvres d'Estienne Pasquier (Amsterdam, 2 vol. in-fol, 1723) :
« par un privilège spécial qu'ils ont par manière de bienséance annexé à
leur ordre, ils meslent l'Etat, la Religion et le meurtre ensemble ». L'avocat
Pasquier (1529-1615) défendit en 1524 l'Université contre les jésuites expulsés

le 12 mai 1565, elle envoie au prince de Condé une députation le priant de faire en sorte que « par sa prudence et ses conseils fussent chassés ces jésuites, obstacles très nuisibles dans les études publiques ».

Les jésuites sont bannis le 29 décembre 1594, mais bientôt, les procès du temps le prouvent, ils introduisent dans leurs collèges « des hommes qui avaient quitté l'habit de jésuite et en retenaient l'esprit ».

Leur retour s'annonce, et l'Université inquiète publie en 1601 qu'ils forment « une nouvelle Carthage, venue établir son camp au milieu du pays latin, un astre contagieux dont la maligne influence a flétri l'éclat de toutes les académies du royaume ».

---

de son sein et resta toujours leur ennemi ; il fut le rédacteur du manifeste semi-officiel lancé contre eux après l'attentat de Barrière.

Voyez aussi dans le même ouvrage le *Plaidoyé* de feu Mᵉ Pierre Versoris pour les Prestres et Escoliers du collège de Clermont, dicts jésuites (requête du 26 février 1564).

CHAPITRE XXXVII

Notes sur Charles de Bovelles : ses relations avec Oronce Fine et avec Loffroi, abbé d'Ourscamp.

Nous donnons ci-après : 1° la lettre-préface placée en tête de la *Géométrie pratique* de Charles de Bovelles ; 2° une traduction de ce document, par M. Victor Gastebois, licencié ès lettres ; 3° une notice que M. Pierre Bénard, ingénieur des arts et manufactures, architecte à Saint-Quentin et président de la Société Académique de cette ville, a bien voulu rédiger à notre intention ; nous le prions de recevoir tous nos remercîments pour son extrême obligeance.

CAROLUS BOUILLUS V. P. DO. ANTONIO LEUFREDO, ABBATI URSICAMPI DIGNISSIMO, S.

Rogatus à quibusdam auturgis, manùve operariis, venerande P. (ab iis præsertim quibus absque adminiculo materialis regulæ, absque item circinis et gnomonibus, et aliis id genus manuariis instrumentis, sua in arte agere nil licet) ut eis vulgarem Geometriam conscriberem, pertinaci eorum petitiunculæ repulsam non dedi : quanquam dum eorum desiderio morem gerere acquievi, præter institutum meum egi, utpote qui hactenus vix quicquam materno sermone edere consuevi.

Confeci igitur Gallica lingua Geometricum isagogicum.
Cui quidem, ne infructuosum fieret, quum prælum
disquirerem, et quidam ex Parisiensibus chalcographis,
in istius excusione aureos polliciti montes, ridiculum
murem peperissent (utpote qui technas ventosaque
verba dedere) adfuit tandem Orontius Regius Mathe-
maticus, qui quum visendi tui causa Noviodunum venti-
tasset, méque etiam domi opportunus Phanio conve-
nisset : deposui illico in manibus ejus recentem fœtu-
ram præli indigam. Duo protinus ingenuè spopondit :
se quidem cum primis daturum operam, ut æreis typis
invulgata, plurimis esset visui : figurarum quoque quas
ibidem frequentius inscripsi, futurum ligneis in tabellis
pictorem. Nêcnon (quod præcipuum est) adversum men-
das observaturum vigiles præli excubias. Rapui confes-
tim verbum ex ejus ore pro omine, fidémque dextra
dedit : nec promissa fefellit. Et quia vir ille ob insi-
gnem virtutis et literarum amorem te hactenus exco-
luit : cogitavi me numeraturum illi diem meliore lapillo,
si lucubratiunculam cujus invulgandæ provinciam tam
ultro sibi vendicavit, tibi antesignana epistola nuncu-
parem. Dicatum igitur tibi vulgata lingua libellum, pro
insueto nostræ officinæ xenio, ne flocci habe. Ex cujus
lectione si qui mysticæ Matheseos scientiæ studiosi
aliquantum proficient, mihíque fortè ob id gratias
agent : etiam meminerint, se pari gratiarum congiario
erga egregiam tui Orontii operam fore obnoxios : eòque
fœnore illam ab ipsis justa lance compensari debere.
Ut enim obreptitio disticho finiam :

> Uvas expressi, vina ille bibenda propinat :
> Torcular implevi, guttura at ille rigat. ·

Vale. Novioduni. Mense Novemb. M. D. XLII.

Rythmus circularis Orontianus.

Sur tous les arts qui sont dicts libéraux,
Servans à tous, tant doctes que ruraux
Le principal après l'Arithmetique,
Est le sçavoir appellé Geométrique,
Pour parvenir à ceux qui sont plus hauls.

Tous artisans et gens Mercuriaux
Qui ont désir trouver secrets nouveaux,
De mesurer fault qu'ayent la practique,
Sur tous les arts.

Dieu a créé les corps et animaux,
Depuis le ciel jusques aux minéraux,
Par nombre, pois, et mesure harmonique :
Heureux est donc qui tel sçavoir explique,
Et qui entend secrets si generaux,
Sur tous les arts.

TRADUCTION PAR M. VICTOR GASTEBOIS.

Charles Bovelles au Vénérable Père Don Antoine, Loffroi, très digne abbé d'Ourscamp, Salut.

Vénérable Père, sollicité par des artisans (et surtout par ceux qui ne peuvent rien faire dans leur métier sans le secours de la règle de bois, du compas et de l'équerre et d'autres instruments manuels de ce genre), sollicité d'écrire pour eux une géométrie populaire, je n'ai pas répondu par un refus à leur demande obstinée; et cependant, tout en étant heureux de me rendre à leur désir, j'ai agi contrairement à mon principe, moi qui jusqu'à ce jour ai eu coutume de publier fort peu de chose dans ma langue maternelle. J'ai donc composé

en français ces éléments de Géométrie. Pour que mon
ouvrage ne restât pas stérile, je cherchais partout une
presse, et certains imprimeurs de Paris, qui m'avaient
promis monts et merveilles pour l'exécution de cette
presse, n'avaient enfanté qu'une souris ridicule (c'est-
à-dire qu'ils ne donnèrent que tromperies et vaines
paroles), lorsqu'enfin je trouvai Oronce, Mathématicien
Royal, qui était venu souvent à Noyon pour vous voir,
Phanion aussi était venu me voir chez moi fort à propos.
Tout de suite je lui mis dans les mains mon œuvre
récente qui demandait une presse. Aussitôt il me pro-
mit franchement deux choses : il s'emploierait tout
d'abord pour que mon ouvrage publié en caractères
d'airain fût vu par le plus de gens possible; il se ferait
aussi le graveur sur tablettes de bois des figures que
j'ai assez fréquemment insérées dans mon texte. En
outre, et cela est capital, pour empêcher les fautes il
surveillerait lui-même les gardiens vigilants de la
presse. Sur l'heure je reçus ces paroles de sa bouche
comme de bon augure, et par un serrement de main il
m'engagea sa foi : il n'a pas manqué à sa parole. Et
puisque cet homme, à cause de votre grand amour de
la vertu et des lettres, a cultivé jusqu'ici votre amitié,
j'ai pensé que je lui procurerais un jour de bonheur si
je vous dédiais dans une lettre-préface cet opuscule
qu'il se chargea si spontanément de publier. Ne mépri-
sez donc pas ce petit traité en langue vulgaire que je
vous dédie comme présent inaccoutumé de mon travail. S'il est des gens curieux de la science cachée de
la Mathématique qui profitent un peu de la lecture de
cet ouvrage, et si par hasard ils m'en remercient,
qu'ils se souviennent aussi qu'ils doivent un pareil tribut de remercîments à votre ami Oronce pour l'aide
précieuse qu'il m'a accordée : ce tribut payé par eux

sera pour lui une juste récompense de son labeur. Et afin de finir par un distique inattendu :

J'ai pressé les raisins et c'est lui(1) qui donne le vin à boire ;
J'ai rempli le pressoir, mais c'est lui qui arrose les gosiers.

Adieu. Noyon, mois de novembre 1542.

EXTRAIT D'UNE LETTRE DE M. PIERRE BÉNARD

(18 juin 1898).

Charles de Bovelles (Bouillus, Bovellus) était chanoine à la fois de la cathédrale de Noyon et de la Collégiale de Saint-Quentin, sa ville natale.

Un historien du Vermandois, Paul-Louis Colliette, qui écrivait dans la seconde moitié du XVIIe siècle, dit de lui que « Mathématiques, Philosophie, Théologie, Médecine, Morale, Poésie, Grammaire, etc., toutes ces

---

(1) *Ille* s'applique ici évidemment à Oronce. Nous avons cru devoir faire une traduction littérale, et nous prions les personnes qui auraient quelques observations à nous présenter d'en demander l'insertion à l'*Intermédiaire des mathématiciens ;* nous ignorons absolument quel est le Phanion dont il est parlé plus haut. V. G.

On sait qu'Oronce, pressé par le besoin, a édité ou réédité plusieurs ouvrages contemporains, dont il dessinait les figures et qu'il annotait. Nous avons déjà parlé de lui au chapitre 1 et dans la note précédente ; on pourra consulter à son sujet le tome XXXIX de Nicéron et la longue biographie avec portrait en taille-douce qu'en donne Thevet (1584). Celui-ci l'appelle « un second Archimède et raconte comment le Syracusain, « estant entré dans un bain, pour se laver et nettoyer (selon la coustume d'alors) et s'estant mis dans la cuve pleine d'eau », découvrit la fourbe de l'orfèvre de Hiéron.—Historien consciencieux, Thevet décrit la physionomie de son héros « en l'aage de trente six ans, auquel tems il portoit la barbe rase, deux ans après commença-il à la charger longue, et mourust la portant aussy longue d'un demy pied ». Enfin il raconte avec force détails comment Oronce, très couru comme professeur, « ressuscita en l'Université de Paris la splendeur des Mathemates qui pour lors estoyent par trop abastardies..... Que si de bouche et vive voix il avançoit grandement ces sciences, encore plus les illustroit il par ses labeurs particuliers tant par ses escrits que par invention et fabricature de plusieurs beaux instrumens et cartes, comme ayant la main non moins apte et duite à fabriquer tels organes et les peindre, que l'esprit à les inventer ».

sciences lui étaient familières ». Il cite ses ouvrages :
de intellectu, de sensu, quæstiones theologicæ, traité
sur le néant, de Arte oppositorum, de generatione, de
sapiente, Conclusions théologiques, de XII numeris,
Dialogi duo de Trinitate, de Divinis Prædicamentis, de
septem ætatibus, de propriâ Ratione, de Corde, de
substantialibus Propositionibus, de Vitiis linguæ vul-
garis, de Naturalibus Sophismatis, Cubiculárium men-
surarum, divinæ Cáliginis, de Voto et libero Arbitrio,
de Indifferentiâ orationis, Praxilogia Christi, de per-
fectis Numeris, Rosa mathematica, de Mathematicis
corporibus; de Mathematicis supplementis; Elementa
physica; Libri tres Proverbiorum vulgariorum. — Colliette signale en outre un livre d'épîtres adressées à
des savants de toute l'Europe : Voici, dit-il, une partie
de ses manuscrits dont il fait mention dans une de ses
lettres à Jean Le Franc son compatriote; je copie
textuellement : Liber divinæ Endelechiæ cum appendice et supplemento illius; Liber de eadem; Apologia
in novitatum introductores; Apologia in Trithemium
Abbatem; Liber divinarum Hecatodiarum; Liber Epi-
grammatum; Liber Ænigmatum; Tres Libri de Animæ
immortalitate; Quartus de Resurrectione; Tres Libri
Epistolarum; Tres Libri Centralium Figurarum; Libri
duo divinarum Assurrectionum cum appendice eorum;
Liber de area Peccati; Liber Vitiorum; Liber de laude
Gentium; Liber de raptu divi Pauli, et exstasibus
Sanctorum; Deplorationem in Hæreses; etc., etc. On
rapporte de lui, ajoute Colliette, qu'il avoit encore
trouvé la quadrature du cercle.

Charles de Bovelles fut un des bienfaiteurs de la
Collégiale de Saint-Quentin. Ce monument possède encore une splendide verrière qui ne mesure pas moins de
vingt mètres carrés, dont il fut le donateur en 1521, et

qui représente, en une série de scènes légendaires, la vie de Sainte-Catherine, patronne des philosophes. Au centre du vitrail, la sainte est figurée à l'état glorieux, et Charles de Bovelles est à genoux à ses pieds, avec une inscription qu'il avait composée et qui commence par ce distique :

> Carolus alma tuum Katarina Bovellus agonem
> Hanc dedit in lucem; fer, pia martir, opem.

Il avait parfois l'esprit facétieux de son temps. La construction de l'Hôtel de Ville de Saint-Quentin ayant été achevée en 1509, il voulut que cette date fût perpétuée sur le monument, et à cet effet il composa les vers que voici, lesquels sont gravés sur une plaque de cuivre appliquée à une colonne du rez-de-chaussée de la façade principale :

D'un mouton et de cinq chevaux	
Toutes les testes prendrez,	M CCCCC
Et à icelles sans nuls travaux	
La queue d'un veau ioindrez	V
Et au bout adjousterez	
Tous les quatre pieds d'une chatte :	IIII
Rassemblez, vous apprendrez	
L'an de ma façon et la date.	M CCCCC V IIII.

En ce qui concerne l'abbaye d'Ourscamp, c'était un monastère de l'ordre de Cîteaux, situé sur la rive gauche de l'Oise, entre Nogent et Compiègne, à six kilomètres de Noyon. Il reste de splendides ruines de l'Abbatiale, le magnifique bâtiment de la maladrerie encore intact, et la porte des Censes. Supprimée en 1792, elle est aujourd'hui convertie en filature. Un directeur de cet établissement, M. Peigné-Delacourt, archéologue distingué décédé il y a quelques années, en donne comme étymologie : Ursicampus, Orsicampus, le champ d'Orcus, divinité funéraire mythologique.

Mais je trouve dans le *Gallia Christiana*, Tomus nonus, Ecclesia Novomiensis, Parisii, ex typographia regia, MDCCLI, p: 1129, le texte suivant :

Ursi-campus. Locus erat in Esga silva super Isaram amnem, ab Urso quodam, qui si fides tabulis ibi latibulum fixerat, *Ursi-campus* dictus. Fabellam, si vacat, lege apud Vassorium (Jacques Le Vasseur, 1571-1636, Annales de l'Église-cathédrale de Noyon, p. 830). Relege etiam superius in Wandelmaro episcopo concilium Noviomense anni 814, in quo locus ille non Ursi-Campus, sed Urbs-Campus dicitur ; nisi mavis in Ursi-Campo *Ursum* nomen esse hominis, non feræ. Sed quidquid sit de vera nominis hujus etymologia, steterat olim eo loco vetus monasterium S. Eligio antistiti nuncupatum, quod IV id. Decembris, anno 1129, ex annalibus ordinis Cisterciensis, et Chronico Nangii, Simon Noviomensis episcopus resuscitavit sub patrocinio Deiparæ Virginis, accitis hanc in rem e Clara-Valle monachis, quibus anno sequenti, firmata fundatione metas ac terminos assignavit. Locum ità describunt veteres tabulæ : *Est locus, inquiunt, ingenti admodum et larga planitie situs, nemorosus, pratis amœnus, aquis dulcibus atque perlucidis irriguus, ut pote quem in modum insulæ Isara magni nominis placido meatu circumdat fluvius: distat autem a matre sua Clara-Valle, quæ illam quasi inclytam edidit prolem, itinere quatuor dierum.* Ibidem et Simon, piissimus fundator, et Balduinus II, Balduinus III, Rainaldus, ac Stephanus, proximi successores ejus, sepulti sunt. Opulentiam hujus abbatiæ, inquit Mauricus annalium ordinis scriptor, commendant libri cameræ apostolicæ, perducta taxa ad florenos mille octingentos, quos vix pingues persolvunt episcopatus. Tradunt enimvero vixisse olim apud Ursi-Campum centum viginti Monachos choro addictos, præter quadraginta Conversos. Certe ex Vassorio, pag. 833, Angli quum anno 1358 irruissent in monasterium, abduxerunt secum indè equos 423, equas et equulos plus quam 200, cornuta animantia 552, lanigeras pecudes 8000, porcos 800, etc. Sed ad singulos abbates festinemus.

Nomenclatura abbatum.

1. — Waleranus de Baudemont. (C'est ce Walerand, moine de Clairvaux en 1128, qui fut envoyé en 1129 à Ourcamp par St Bernard avec douze moines.)

XXXIII. — Antonius *Loffroi*, ultimus regularium, jacet in capitulo cum hoc epitaphio : *Hic Iacet D. Antonius Loffroi, in sacra pagina baccalaureus, hujus cœnobii abbas trigesimus tertius; religionem ibidem professus annis 60; virtutibus et literis clarus, totiusque ordinis vices gerens, qui obiit 1556, Augusti 18, cui succedens illustrissimus cardinalis a' Borbonio, hunc erigendum curavit lapidem. Vixit annis 80.*

Cet Antonius Loffroi, virtutibus et literis (sic) clarus, n'est évidemment autre que Leufredus à qui Charles de Bovelle dédie ses Éléments de géométrie en langue vulgaire.

TABLE DES MATIÈRES

ÉVREUX, IMPRIMERIE DE CHARLES HÉRISSEY

GEORGES CARRÉ ET C. NAUD, ÉDITEURS
3, RUE RACINE, PARIS

Dixième année.

REVUE GÉNÉRALE
DES SCIENCES
PURES ET APPLIQUÉES

Paraissant le 15 et le 30 de chaque mois

PAR LIVRAISONS GRAND IN-8º COLOMBIER RICHEMENT ILLUSTRÉES

ABONNEMENT ANNUEL :

Paris, **20** fr.; Départements, **22** fr.; Union postale, **25** fr.
Prix du numéro : **1** fr. **25**

Lorsqu'il y a dix ans un Comité de Savants, d'Ingénieurs et d'Agronomes se constituait pour créer, sous la direction, de M. Louis Olivier, la *Revue générale des Sciences*, nul ne pouvait prévoir le rapide essor réservé à cette grande publication, la place non seulement considérable, mais prépondérante, qu'elle allait bientôt prendre dans la littérature scientifique du monde entier, l'influence qu'elle exercerait, dans notre pays, sur la marche des sciences et l'application de leurs conquêtes à la vie pratique..

Groupant les forces scientifiques éparses sur le territoire de la France, attirant aussi à elle les savants de l'Étranger, la *Revue* entreprenait de faire concourir les efforts de tous à l'étude des grands problèmes scientifiques, agronomiques et industriels, que se pose la société contemporaine.

Tel a été le succès de ce programme qu'il est devenu aujourd'hui inutile d'y insister : la *Revue générale des Sciences* est actuellement répandue dans le monde entier, ses services universellement appréciés, son autorité partout reconnue ; on peut dire, sans abuser des mots, qu'elle constitue véritablement une œuvre d'utilité publique.

Son domaine embrasse toutes les sciences, depuis les spéculations les plus élevées de la philosophie scientifique jusqu'au détail le plus précis de l'application. Signalant le progrès dès qu'il apparaît, elle suit, pas à pas, les travaux scientifiques depuis le laboratoire du savant, où les découvertes éclosent, jusqu'à l'usine, où l'ingénieur et l'industriel les mettent en œuvre.

Indiquons d'abord la composition de chaque livraison. Nous donnerons ensuite un aperçu des principaux sujets récemment traités dans la *Revue*.

COMPOSITION
DE CHAQUE LIVRAISON DE LA REVUE

Chaque livraison comprend cinq parties :

1° *Une chronique;*
2° *Plusieurs articles de fond;*
3° *L'analyse critique des ouvrages récents;*
4° *Les comptes rendus des travaux soumis aux Sociétés savantes de la France et de l'Étranger;*
5° *Le relevé des articles récemment publiés par les principaux journaux scientifiques d'Europe et d'Amérique.*

I. **Chronique**. — Chaque livraison de la *Revue* débute par la *Chronique des événements scientifiques de la quinzaine écoulée*. Cette chronique se compose d'une série de petits articles, sortes de notes méthodiquement classées, qui indiquent, en tout ordre de science, les *faits d'actualité*. Visant surtout à *signaler les nouveautés* et à en donner une description exacte, ces notes sont, quand il y a lieu, illustrées de dessins, de gravures et de photographies. Elles sont envoyées à la *Revue* par une pléiade de savants dont-chacun se charge de relever les inventions ou procédés nouveaux qui surgissent dans sa spécialité. Toutes sont signées, de telle sorte que le lecteur particulièrement intéressé puisse s'adresser à l'écrivain pour un supplément d'information.

II. Articles de fond. — La deuxième partie de la *Revue,* — de beaucoup la plus développée, — se compose des *articles de fond,* ordinairement au nombre de *quatre.* Ces articles ont pour objet principal d'exposer l'état actuel des *grandes questions scientifiques* à l'ordre du jour.

Il arrive souvent, en science, que tous les éléments requis pour résoudre un problème existent, sans qu'il y paraisse. La solution globale reste latente, inaperçue, tant que les solutions partielles, qui apportent chacune sa part de lumière, demeurent sans lien, disséminées de tous côtés. Il importe de les rapprocher pour arriver, en les additionnant, à la solution complète de la question. De telles synthèses, faites avec critique, sont infiniment précieuses pour le lecteur, qui n'a ni la compétence ni le loisir de colliger sur chaque sujet qui l'intéresse tous les Mémoires qui s'y rapportent. Le chimiste ne peut pas compulser tous les travaux des physiciens, aussi est-il bien aise de lire un article qui les résume. Et il en est ainsi de tous les lecteurs : quelle que soit la spécialité de chacun, tous désirent être *rapidement mis au courant* de la marche générale des sciences adjuvantes de la leur.

Se pourrait-il, d'ailleurs, qu'à une époque où la science pénètre si intimement la vie sociale, chacun restât indifférent aux découvertes qui surgissent en dehors du sillon où il cherche ? Les applications de l'Électricité, les Rayons X, les découvertes dont la glande thyroïde vient d'être l'objet, les tentatives récemment faites en vue de guérir la tuberculose et le cancer, touchent de trop près aux intérêts vitaux de l'humanité, pour ne pas susciter la curiosité universelle : elles s'imposent à l'examen de tous les esprits cultivés.

La *Revue générale des sciences* rend à ses lecteurs l'inappréciable service de leur donner d'*une façon méthodique* la *mise au point* de toutes ces grandes questions d'intérêt général. Chaque fois qu'une découverte importante vient d'être réalisée, à quelque science qu'elle se rapporte, la *Revue* prend soin de la décrire ; elle en expose l'*origine*, le *développement*, l'*état actuel*, la *portée* et les *applications*.

Des dessins, graphiques, cartes géographiques, gravures de toutes sortes et photogravures, dus aux meilleurs artistes, sont joints au texte toutes les fois que cela est utile à la clarté de la description.

C'est toujours aux auteurs mêmes des découvertes que la *Revue* a soin de demander ces articles. Elle s'adresse dans ce but aux savants de tous les pays, et c'est là l'un de ses traits les plus originaux. Toute la presse a rendu hommage à l'éclat d'une telle collaboration. Le *Journal de Saint-Pétersbourg* écrivait récemment à ce propos :

« ... Ce qui a valu à la *Revue générale des Sciences* un succès aussi général, c'est qu'elle recueille sa collaboration dans tous les grands centres de la production scientifique, aussi bien à la Société Royale de Londres qu'à l'Académie des Sciences de Paris ; aussi bien à Berlin, à Moscou, qu'à Philadelphie ou à Rome.

« Ayant des collaborateurs dans toutes les grandes villes de l'Europe, la *Revue* compte aussi dans toutes de nombreux lecteurs. Et ce ne sont pas seulement les savants, les professeurs, physiciens, chimistes, biologistes, etc., qui se font un devoir de la lire : elle a pénétré plus intimement dans la vie de notre société contemporaine ; c'est ainsi que, chez nous, par exemple, elle est consultée par tous ceux qui travaillent au progrès de la science et aussi par l'élite de nos ingénieurs et de nos industriels. Les hommes pratiques qui se préoccupent d'appliquer les résultats des recherches scientifiques, trouvent, en effet, dans la *Revue*, à côté du mouvement scientifique pur, — c'est-à-dire de l'exposé des découvertes et des doctrines qu'elles suscitent, — l'indication détaillée de toutes les nouveautés scientifiques susceptibles d'intéresser le spécialiste, le praticien, qu'il s'agisse de Médecine, d'Agriculture, d'Industrie ou de Commerce. Là surtout est le secret du succès de la *Revue générale des Sciences*. »

(Le Journal de Saint-Pétersbourg du 19 avril 1896.)

Le *Journal de Saint-Pétersbourg,* qui consacrait ces lignes à la *Revue* dans une étude sur le mouvement scientifique en Russie, soulignait, comme on vient de le voir, le haut intérêt de la série d'articles, également très appréciés en France, que la *Revue* fait paraître sur *l'état actuel et les besoins de nos grandes industries.*

Mais ces sujets, et ceux qui se rapportent à la science pure, ne sont pas les seuls que la *Revue* étudie : elle traite aussi, dans ses articles de fond, les questions de *Géographie économique*, en particulier les *questions coloniales.* En de telles matières, la Science a non seulement le droit, mais le devoir d'intervenir. C'est à elle de nous renseigner sur la salubrité de nos colonies, sur les richesses minérales, forestières ou culturales, qu'il est possible d'en tirer. La *Revue générale des Sciences* fait large place à ces études qui, à juste titre, passionnent aujourd'hui l'opinion.

III. Analyse critique des publications nouvelles. — Cette troisième partie de la *Revue* est consacrée à l'analyse détaillée et à la critique de tous les ouvrages importants récemment parus sur les sciences mathématiques, physiques et biologiques et sur les applications de ces sciences à l'Art de l'Ingénieur, à la Construction mécanique, à l'Agriculture, à l'Industrie, à l'Hygiène publique et à la Médecine.

Ces résumés sont assez détaillés pour dispenser le plus

souvent le lecteur de se reporter aux ouvrages originaux.

Toutes ces analyses bibliographiques sont faites par des *spécialistes* et signées de leurs noms.

IV. Comptes rendus des Académies et Sociétés savantes.
— Cette quatrième partie de la *Revue* expose les travaux présentés aux principales Académies et Sociétés savantes de la France et de l'Etranger :

Académie des Sciences de Paris;
Académie de Médecine;
Société de Biologie;
Société française de Physique;
Société chimique de Paris;
Société royale de Londres;
Société de Physique de Londres;
Société de Chimie de Londres;
Société royale d'Edimbourg;
Société anglaise des Industries chimiques;
Académie des Sciences d'Amsterdam;
Etc., etc...

La *Revue* a tenu à publier, dès leur apparition, l'analyse détaillée des travaux soumis aux principales sociétés savantes de l'Étranger. Dans ce but elle a organisé, avec le concours de certains de leurs membres, un *service régulier de correspondance.* Les comptes rendus que la *Revue* reçoit de ces savants offrent d'autant plus d'intérêt que les bulletins de la plupart des Sociétés de l'Etranger ne paraissent que très longtemps, quelquefois un an, après les séances. En donnant par anticipation un résumé détaillé de ces travaux, la *Revue* rend à tous les chercheurs un service inestimable.

V. Relevé des sommaires des journaux scientifiques de la France et de l'Etranger. — Dans un *supplément* qui accompagne toutes ses livraisons, la *Revue générale des*

Sciences publie la liste de tous les articles originaux récemment parus dans les principaux journaux scientifiques du monde entier. Les sommaires d'environ deux cents de ces périodiques sont ainsi relevés; les titres de tous leurs articles sont cités *en français*, avec la mention du nom de l'auteur et de la date de la publication du fascicule qui les contient. Plus de quatre cents articles ou mémoires sont ainsi cités dans chaque livraison.

Ce vaste répertoire de la production scientifique actuelle est infiniment précieux aux travailleurs qui, grâce au mode de classement adopté, trouvent tout de suite, dans le relevé des périodiques, l'ordre de science qui les intéresse.

Comme on le voit, ces cinq parties de la *Revue*, régulièrement représentées dans chaque livraison, sont disposées de telle sorte, que l'ENSEMBLE DE LA PRODUCTION SCIENTIFIQUE CONTEMPORAINE se trouve revisé, d'une part avec assez de détail pour qu'aucun travail de valeur n'échappe au spécialiste intéressé, d'autre part avec assez d'ampleur, de critique et de méthode, pour fixer nettement dans l'esprit du lecteur *l'état précis du progrès théorique et pratique en chaque science.*

Tous ceux qui, à des titres divers, s'y intéressent, — savants, hommes de laboratoire, professeurs, chimistes, médecins, ingénieurs, agronomes, industriels, gens du monde curieux des choses de l'esprit, — trouvent dans la *Revue générale des Sciences* le TABLEAU COMPLET DU MOUVEMENT SCIENTIFIQUE ACTUEL.

Voici un aperçu des principaux sujets récemment traités dans la *Revue* :

PRINCIPAUX SUJETS

RÉCEMMENT TRAITÉS DANS LA REVUE

Ces sujets sont relatifs : 1° à la *Science pure* ; 2° à l'*Industrie* ; 3° à l'*Agronomie* ; 4° à la *Géographie économique*.

I. — Science pure.

Les articles consacrés à ces sujets portent sur toutes les sciences ; ils insistent particulièrement sur celles où des tendances nouvelles se font jour ; et ils s'attachent à montrer, en chacune, l'orientation actuelle des recherches, les voies où les travaux en cours se trouvent engagés.

Les *Mathématiques* ne sont traitées que dans la mesure où il est possible de les exposer sans calculs. Dans ces sciences, ce sont les *idées*, et non pas les formules, que la *Revue* s'applique à indiquer.

En *Physique*, ce sont les faits d'observation et d'expérience conduisant à des conceptions nouvelles, qui ont naturellement la plus large part. L'*Optique* et l'*Electricité*, dont les théories se trouvent comme renouvelées à la suite des travaux de Hertz, de Lénard et de Rœntgen, notamment l'Electricité, si féconde en applications de toutes sortes, sont, dans la *Revue*, l'objet de nombreuses études. Il n'est guère de livraison de ce recueil qui ne leur consacre, sinon un article développé, tout au moins quelques notices très substantielles.

Une autre branche de la Physique, qui a pris, dans notre société, une importance exceptionnelle, la *Photographie*, est aussi, comme il convient, largement représentée. De nombreux articles dus aux spécialistes les plus éminents lui sont régulièrement consacrés.

La *Chimie physique*, science toute d'actualité ; la *Chimie minérale*, à laquelle semblent revenir beaucoup de chercheurs ; la *Chimie organique*, dont le domaine ne cesse de s'étendre ; la *Chimie physiologique*, si utile au biologiste et au médecin, occupent, dans la *Revue*, la grande place à laquelle l'intérêt philosophique de leurs doctrines et l'importance de leurs applications leur donnent droit.

La *Géologie*, actuellement en pleine évolution, les sciences biologiques, la *Physiologie* des plantes, des Animaux et de l'Homme, la *Médecine* et l'*Hygiène*, objets de tant de progrès, voient toutes leurs doctrines, toutes leurs conquêtes soigneusement exposées dans la *Revue générale des sciences*.

Sous l'influence des travaux de laboratoire, la Pathologie subit une véritable révolution. La *Revue* s'attache à bien marquer le caractère de cette métamorphose. Elle a soin de décrire toutes les nouveautés, toutes les découvertes qui se produisent dans le vaste champ des sciences médicales, qu'il s'agisse de *Médecine* ou de *Chirurgie*, de neuro-pathologie, de maladie organique ou d'infection virulente.

En *Hygiène,* les questions à l'ordre du jour relatives à l'hygiène infantile, à l'étiologie des maladies épidémiques ou endémiques, aux mesures préventives destinées à combattre ces fléaux, sont décrites en détail. La *Revue* expose aussi les conventions internationales, les grandes entreprises publiques, les travaux d'amenée d'eau et d'assainissement dont se préoccupent les Gouvernements, les grandes agglomérations urbaines, les autorités régionales et locales.

Voici, à titre de **spécimens,** quelques-uns des articles que la *Revue* a récemment consacrés à ces questions :

De l'Infini mathématique. . . . .

M. J. Tannery
Sous-Directeur des Études
à l'Ecole Normale Supérieure

La détermination du Sexe . . . .

M. L. Cuénot
Chargé de cours de Zoologie
à la Faculté des Sciences
de Nancy.

L'École polytechnique fédérale
de Zurich . . . .

M. C.-E. Guye
Professeur agrégé à l'École
Polytechnique fédérale de Zürich.

L'état actuel de nos connaissances sur les Venins . . . . .

M. C. Phisalix
Assistant au Muséum.

Les différentes formes de la Res-
piration humaine . . . .

M. W. Marcet
de la Société Royale de Londres.

Les récentes découvertes sur la
Fonction thyroïdienne . . . . .

Dr Allyre-Chassevant
Professeur agrégé
à la Faculté de Médecine
de Paris.

Le Mécanisme de la complication
organique chez les animaux.

M. E. Perrier
de l'Académie des Sciences,
Professeur au Muséum.

Les Infections non bactériennes.

Dr H. Roger
Professeur agrégé
à la Faculté de Médecine
de Paris.

La nouvelle tuberculine de Koch
et la théorie des Sucs plasma-
tiques de Buchner . . . .

Dr R. Romme
Préparateur à la Faculté de
Médecine.

L'Histopathologie de la cellule
nerveuse . . . .

Dr G. Marinesco

La désinfection des locaux . . .

M. M. Molinié

Indépendamment de ces études qui se succèdent, dans la *Revue*, selon les exigences de l'actualité, ses livraisons du 3o de chaque mois renferment chacune un grand article consacré à la revision des récents progrès d'une science particulière. Exemples :

1. Revision annuelle des progrès de l'Astronomie. . . . .

M. O. Collandreau
Membre de l'Académie des
Sciences. Astronome
à l'Observatoire de Paris.

M. G. Bigourdan
Astronome à l'Observatoire
de Paris.

2. REVISION ANNUELLE DES PROGRÈS DE LA PHYSIQUE . . . .

M. L. Poincaré
Chargé de Cours à la Faculté
des Sciences de Paris.

3. REVISION ANNUELLE DES PROGRÈS DE LA CHIMIE PURE . . . .

M. A. Etard
Répétiteur de Chimie
à l'École Polytechnique.

4. REVISION ANNUELLE DES PROGRÈS DE LA GÉOLOGIE . . . .

M. Emile Haug
Chef des Travaux de Géologie
à la Faculté des Sciences
de Paris.

5. REVISION ANNUELLE DES PROGRÈS DE LA BOTANIQUE . . . .

M. L. Mangin
Professeur
au Lycée Louis-le-Grand.

6. REVISION ANNUELLE DES PROGRÈS DE LA ZOOLOGIE . . . .

M. R. Kœhler
Professeur
à la Faculté des Sciences
de Lyon.

7. REVISION ANNUELLE DES PROGRÈS DE L'ANATOMIE . . . .

M. H. Beauregard
Assistant au Muséum.

8. REVISION ANNUELLE DES PROGRÈS DE L'HYGIÈNE . . . .

M. P. Langlois
Chef des Travaux de Physiologie
à la Faculté de Médecine
de Paris.

M. L. Olivier
Docteur ès sciences.

9. REVISION ANNUELLE DES PROGRÈS DE LA CHIRURGIE . . . .

M. H. Hartmann
Professeur agrégé
à la Faculté de Médecine de Paris,
Chirurgien des Hôpitaux.

10. REVISION ANNUELLE DES PROGRÈS DE LA MÉDECINE . . . .

M. A. Létienne

Ces grandes études résument avec le plus grand soin les acquisitions des diverses sciences, en précisent l'état actuel, et permettent d'apprécier, en chacune, le sens et l'importance du progrès.

II. — Industrie.

Dans presque toutes ses livraisons la *Revue* consacre une étude à une récente application de la science soit à la *Mécanique*, soit à l'*Art de l'Ingénieur*, soit à la *Métallurgie*, soit à quelqu'une de nos *grandes industries chimiques*.

Voici plusieurs **spécimens** de ces articles :

1. LES RÉCENTS PROGRÈS DE LA CONSTRUCTION NAVALE AUX ETATS-UNIS.

M. Croneau.
Professeur à l'Ecole
d'Application du Génie maritime.

2. APPAREILS POUR L'EXAMEN MICROSCOPIQUE DES CORPS OPAQUES. . .

M. G. Charpy
Docteur ès sciences.

3. L'USINE KRUPP. — LES ÉTABLISSEMENTS ARMSTRONG . . . .

Colonel XXX

4. LE TRAVAILLEUR SOUS-MARIN . . . .

M. G. Pesce
Ingénieur des Arts et
Manufactures.

5. LA SURCHAUFFE DE LA VAPEUR DANS L'INDUSTRIE. . . . .

M. Aimé Witz
Professeur à la Faculté libre
des Sciences de Lille.

6. LA FABRICATION DES EXTRAITS TANNANTS . . . .

M. Ferdinand Jean
Ancien chimiste de la Bourse
du Commerce.

7. LES RÉCENTS PROGRÈS DE LA FERMENTATION ALCOOLIQUE INDUSTRIELLE.

M. Lucien Lévy
Professeur à l'Ecole
des Industries agricoles de Douai.

8. L'ANALYSE COMMERCIALE DES MATIÈRES SOUMISES A L'IMPÔT . . . .

M. F. Dupont
Secrétaire général
de l'Association des Chimistes
de Sucrerie.

9. UN NOUVEAU SYSTÈME DE TRACTION ÉLECTRIQUE : LE TRAMWAY CLARET-WUILLEUMIER . . . .

M. P. Lauriol
Ingénieur des ponts et chaussées.

10. L'APPLICATION DES COURANTS TRIPHASÉS DANS LES SUCRERIES ET LES RAFFINERIES. . . . .

M. D. Korda
Ingénieur de la Compagnie
de Fives-Lille.

11. LA LOI DE VARIATION DE LA FORCE ÉLECTROMOTRICE APPLIQUÉE A UN ALTERNATEUR EN INFLUENCE-T-ELLE LE RENDEMENT ? . . . . .

M. A. Gay
Ancien élève de
l'Ecole Polytechnique.

12. L'ÉLECTRODIALYSE DES JUS SUCRÉS.

M. E. Urbain
Chimiste des Sucreries D. Linard

13. LES RÉCENTS PERFECTIONNEMENTS DU PHONOGRAPHE . . . .

M. G. Lavergue
Ingénieur civil des Mines.

14. L'ELECTRO-CHIMIE DE L'ALUMINIUM ET DES CARBURES MÉTALLIQUES. .

M. D. Korda
Ingénieur de la Compagnie
de Fives-Lille.

Il convient aussi d'appeler l'attention sur une autre classe d'articles industriels, dont la *Revue* a conçu le programme et dont elle poursuit, depuis un an, la publication régulière. Nous voulons parler des MONO- GRAPHIES qu'elle consacre à l'ÉTAT ACTUEL DES GRANDES INDUSTRIES.

Chaque grande industrie ([1]) est, dans la *Revue*, l'objet d'une monographie détaillée, due à un CHIMISTE, à un INGÉNIEUR notoirement compétent, ou à un MANUFACTU- RIER ayant conquis, dans la défense des intérêts *géné- raux* de l'industrie qu'il exerce, une éclatante autorité.

Ces monographies industrielles s'attachent à bien mettre en évidence dans chaque cas :

1° *L'application des méthodes scientifiques au perfec- tionnement des procédés de fabrication;*

2° Le *régime économique*, notamment les résultats des dernières lois de douane ;

3° Les *conditions sociales du travail.*

Ces grands articles indiquent, pour chaque industrie, les conditions dans lesquelles elle s'est développée,

---

([1]) C'est à dessein que nous disons « une industrie » et non pas un établissement industriel, une usine. La *Revue* ne consacre JAMAIS un article à la description d'une manufacture, entreprise privée d'un industriel ou d'une compagnie. Elle traite, ce qui est bien différent, de chaque industrie, considérée *dans son ensemble*.

les causes de son essor, son état actuel, l'outillage qu'elle exige, le détail des opérations qu'elle requiert, la façon dont la science y intervient, les problèmes que celle-ci a successivement résolus et ceux dont on doit lui demander la solution. On y trouve aussi, très soigneusement exposé, avec *cartes et diagrammes* à l'appui, tout ce qui concerne la répartition et l'expansion géographique de l'industrie considérée, ses débouchés, son importance comme élément de la richesse publique, ses statistiques, les cours de ses matières premières et de ses produits, les fluctuations de sa prospérité en rapport avec les régimes économiques qui lui ont été imposés, ses besoins actuels, les dispositions législatives qu'elle réclame, l'aide que ses syndicats lui apportent, la façon dont le travail manuel y est organisé et rémunéré, les dispositions prises pour ou par les ouvriers en vue d'assurer leur bien-être, enfin la comparaison de l'état de la même industrie en France et à l'Étranger.

Ces grandes monographies permettent au lecteur de se faire une idée exacte des FORCES INDUSTRIELLES de notre pays ; elles fournissent à l'*Économiste* et au *Législateur* des éléments d'appréciation qui leur font défaut aujourd'hui et devraient cependant être à la base de tous leurs travaux ; elles appellent l'attention du *Savant* sur les questions techniques qui sollicitent son concours ; elles donnent au *Praticien* la vue élevée des choses de son métier, au *Commerçant*, au *Financier*, à l'*Administrateur* les moyens d'apprécier sainement la valeur des entreprises qui les intéressent.

Voici les sujets traités dans les diverses monographies industrielles déjà parues dans la *Revue :*

L'ÉTAT ACTUEL DE L'INDUSTRIE SUCRIÈRE EN FRANCE . . . .
{
M. E. Urbain
Chimiste de Sucrerie.
M. L. Lindet
Professeur de Technologie
à l'Institut Agronomique.

III. — Agronomie.

Les applications des Sciences à l'Agriculture sont exposées dans la *Revue* par les agronomes les plus éminents de notre pays.

Tous les ans M. P.-P. Dehérain, de l'Académie des Sciences, professeur au Muséum et à l'École nationale d'Agriculture de Grignon, traite, en un grand article, des progrès agronomiques accomplis depuis un an. Mais, toute l'année, à mesure que se produisent d'intéressantes nouveautés, divers spécialistes les font connaître aux lecteurs. Ceux-ci se trouvent ainsi constamment tenus au courant du mouvement agronomique actuel, comme le montrent les articles suivants récemment parus :

1. LA LUTTE ACTUELLE CONTRE LE BLACK ROT . . . .
M. D. Zolla
Professeur à l'École d'Agriculture de Grignon.

2. LES CARTES AGRONOMIQUES COMMUNALES . . . .
M. A. Carnot
Membre de l'Académie des Sciences, Inspecteur en chef des Mines.

3. LA LAITERIE MODERNE ET L'INDUSTRIE DU LAIT CONCENTRÉ . . . . .
M. R. Lezé
Professeur à l'École d'Agriculture de Grignon.

4. LE DOSAGE DE L'AZOTE DANS LES TERRES ET LES ENGRAIS. . . . . . .
M. A. Larbalétrier
Professeur à l'École d'Agriculture du Pas-de-Calais

5. LES MOTEURS A PÉTROLE EN AGRICULTURE . . . .
M. A. Gay
Ancien élève de l'École Polytechnique.

Comme pour nos industries, la *Revue* a voulu aussi consacrer à chacune de nos grandes cultures une monographie particulière.

Voici quelques exemples de ces MONOGRAPHIES AGRICOLES :

L'ÉTAT ACTUEL DE LA CULTURE DES PLANTES ORNEMENTALES EN ALGÉRIE. . . .
M. H. Rivière
Directeur du Jardin d'Essai du Hamma, à Alger.

L'ÉTAT ACTUEL DE LA CULTURE DES PLANTES OLÉAGINEUSES HERBACÉES.
M. L. Malpeaux
Professeur à l'École d'Agriculture du Pas-de-Calais

L'ÉTAT ACTUEL DE L'APICULTURE EN FRANCE. . . . .
M. R. Hommel
Professeur spécial d'Agriculture du Puy-de-Dôme.

L'ÉTAT ACTUEL DE L'AVICULTURE EN FRANCE.	**M. C. Voitellier** Professeur départemental d'Agriculture à Meaux.
L'ÉTAT ACTUEL DE LA VINIFICATION EN FRANCE.	**M. L. Roos** Directeur de la Station Œnologique de l'Hérault.
L'ÉTAT ACTUEL DE LA VINIFICATION EN ALGÉRIE	**M. J. Dugast** Directeur de la Station Agronomique d'Alger.
L'ÉTAT ACTUEL DE LA CULTURE DE L'ORGE DE BRASSERIE ET DU HOUBLON EN FRANCE.	**M. A. Larbalétrier** Professeur à l'École d'Agriculture du Pas-de-Calais.

IV. — Géographie économique.

La *Revue* s'applique, enfin, à faire connaître le progrès de l'EXPLORATION et de la COLONISATION, l'ÉTAT ACTUEL DE NOS POSSESSIONS et des pays soumis à notre Protectorat. Sur ces sujets elle a notamment publié :

LA COLONISATION LIBRE EN NOUVELLE-CALÉDONIE.	**M. J. Godefroy**
LA FRANCE DANS LE DÉTROIT DE BAB-EL-MANDEB.	**M. J. Machat**
LE CONGO FRANÇAIS	**M. J. Deloncle** Sous-Directeur au Ministère des Colonies.
LES PRODUITS VÉGÉTAUX DU CONGO FRANÇAIS	**M. L. Lecomte** Explorateur au Congo.
LA GÉOLOGIE ET LES MINES DU BASSIN DU NIARI	**M. M. Bertrand** Professeur de Géologie à l'École Supérieure des Mines.
CRÉATION D'UNE VOIE DE COMMUNICATION DU STANLEY-POOL A LA MER.	**M. A. Cornille** Capitaine du Génie. **M. J. Goudard** Capitaine du Génie.
LE PORT DE SFAX. — LE MOUVEMENT COLONIAL EN ALLEMAGNE.	**M. J. Godefroy**
LES RELATIONS COMMERCIALES DE L'ÉGYPTE AVEC LE SOUDAN.	**M. H. Dehérain**

Les Hovas de Madagascar. . . . . . . }	**M. A. Grandidier** Membre de l'Institut.
L'état du commerce a Madagascar et l'avenir économique de l'île. . . . . }	**M. G. Foucart** Chargé de missions à Madagascar.

Spécialement sur la Tunisie, la *Revue* a publié :

1. La Nature Tunisienne. . . . . . }	**M. Marcel Dubois** Professeur de Géographie coloniale à la Sorbonne.
2. Les grandes Étapes de la Civilisa- tion en Tunisie. . . . . }	**M. G. Boissier** Secrétaire perpétuel de l'Académie française.
3. Les grands Travaux d'Art et les Aménagements agricoles des Ro- mains en Tunisie. . . . . }	**M. F. Gauckler** Directeur du Service des Antiquités et des Arts de la Régence de Tunis
4. La Population et les Races en Tunisie. . . . . }	**M. J. Bertholon** Médecin à Tunis.
5. L'aspect de la Civilisation indi- gène actuelle en Tunisie. . . }	**M. G. Deschamps** Ancien élève de l'Ecole Normale Supérieure et de l'Ecole d'Athènes.
6. Les conditions sanitaires et l'hy- giène en Tunisie. . . . . }	**M. A. Loir** Directeur de l'Institut Pasteur de Tunis.
7. La Géologie, les Carrières et les Mines en Tunisie . . . . . }	**M. E. Haug** Chef des Travaux pratiques de Géologie à la Sorbonne. **M. R. Cagnat** Professeur au Collège de France. Membre de l'Institut. **M. E. de Fages** Ingénieur des ponts et chaussées de la Régence.
8. Les Forêts et la question du re- boisement en Tunisie. . . . . . }	**M. G. Loth** Professeur au Lycée Carnot à Tunis.
9. L'Acclimatation végétale en Tu- nisie . . . . . . -. . . . . }	**M. M. Cornu** Professeur au Muséum.
10. L'Agriculture en Tunisie . . . . }	**M. L. Grandeau** Doyen honoraire de la Faculté des Sciences de Nancy.

APPRÉCIATIONS DE LA PRESSE

SUR LA « REVUE GÉNÉRALE DES SCIENCES »

Les articles de la *Revue*, — précisément parce qu'ils apportent des *arguments et des faits d'ordre scientifique* à la discussion des questions d'intérêt général, — sont souvent cités au cours des débats parlementaires ; les feuilles politiques leur font de fréquents emprunts et ont ainsi l'occasion de leur rendre hommage.

Nous ne rapporterons pas ici les appréciations élogieuses que les grands journaux de Paris (*le Temps, les Débats, le Gaulois, le Figaro, le Monde*, etc...), des Départements (plus de 300), et de l'Etranger (*Times*, plus de 200 périodiques, etc...), — ont, en bien des circonstances, émises sur la *Revue*. Contentons-nous de reproduire l'article suivant, dans lequel le *Journal des Débats* juge ainsi l'œuvre de la *Revue générale des Sciences* :

« La science a cessé d'être le domaine de quelques-uns. Elle pénètre notre existence, et nul homme du monde ne peut s'affranchir de la nécessité de se tenir au courant de ses découvertes et de ses progrès.

« Aussi a-t-on vu se multiplier, en ces dernières années, les journaux dits « scientifiques ». Le nombre de ces feuilles démontre qu'un nouveau besoin est né dans l'esprit public, qu'une curiosité s'est ouverte à ce qui, naguère encore, paraissait un mystère interdit à la foule.

« Il s'en faut, cependant, que toutes ces publications méritent créance. La plupart n'ont de scientifique que le nom. Comme si elles avaient peur d'effrayer leurs lecteurs en les initiant vraiment à la science, elles croient faire assez en leur donnant chaque semaine, à côté de vagues dissertations sans conclusion, quelques recettes d'hygiène, de photographie, d'électricité usuelle, ou encore des statistiques incohérentes ayant une fois pour objet le nombre de kilomètres parcourus en un jour par tous les vélocipédistes du monde entier, une autre fois la quantité de becs de gaz par groupe de dix mille habitants dans les principales villes de l'Europe.

« Une seule revue a, depuis six ans, trouvé le moyen de rester constamment scientifique, dans le sens le plus élevé du terme, tout en se maintenant pratique et accessible à tous les esprits cultivés : c'est la *Revue générale des Sciences pures et appliquées,* couramment appelée la « *Revue Verte* ».

« Le domaine de cette Revue est des plus vastes : c'est, en réalité, celui de la science tout entière, méthodiquement étudiée et considérée depuis ses principes jusqu'au détail de ses applications.

« Un tel programme n'est réalisable qu'avec une direction sans cesse en éveil et bien consciente de son rôle. Il ne faut pas croire, en effet, que, pour faire une Revue, il suffise d'imprimer bout à bout des articles, même savants, recueillis au hasard des rencontres. Il faut choisir, dans chaque département de la Science, les sujets à traiter et, pour chacun d'eux, l'écrivain le plus autorisé. Il faut, en outre, combiner ces articles de telle sorte que, dans chaque Science, leur ensemble donne au lecteur le tableau complet des progrès récents, l'exacte mise au point des questions à l'ordre du jour.

« Or, dans la *Revue générale des Sciences,* — et c'est là un trait qui la distingue entre toutes, — ce souci de la méthode et de l'équilibre se sent à chaque page. L'étendue de chaque article est proportionnée à l'importance et à l'actualité du sujet ; et, quelle que soit la question traitée, elle est toujours exposée par un spécialiste hautement compétent.

« Aussi ce recueil est-il devenu, non seulement en France, mais dans le monde, le trait d'union des savants et du public. Chaque fois qu'ils ont une découverte à exposer, une communication d'intérêt général à présenter, c'est à la *Revue Verte* que recourent les maîtres de la science : les Bouchard, Lippmann, Milne-Edwards, Grandidier, Cornu, Marey, Poincaré, Bertrand, Berthelot, Dehérain, Janssen, Crookes, Ramsay, Ostwald, Rœntgen, etc., etc.

« A côté des articles de ces savants, — qui tiennent ses lecteurs au courant de tous les faits d'ordre scientifique qu'un homme instruit doit connaître, — la *Revue* fait large part aux préoccupations pratiques de la société moderne. C'est ainsi qu'elle accorde un développement particulier aux questions agronomiques, industrielles et coloniales.

« Il serait superflu de rappeler, à ce propos, l'importance de l'enquête qu'elle a instituée pour faire connaître l'état actuel et les besoins de nos grandes industries urbaines et rurales. Ses monographies agricoles et industrielles ne sont pas seulement précieuses aux praticiens : elles attirent actuellement l'attention de tous ceux qui se préoccupent des destinées de notre pays.

« C'est pour répondre à la même patriotique curiosité que la *Revue* a entrepris de faire paraître une série d'articles sur la géographie, les ressources minérales, forestières, culturales et commerciales de nos possessions d'outre-mer. On sait, notamment, avec quelle faveur a été accueillie, dans le monde entier, la livraison de la *Revue* consacrée à « *Ce qu'il faut connaître de Madagascar* ».

« Cette riche variété d'études, savamment associées, de façon à tenir le public au courant de tout le mouvement scientifique contemporain, a concilié à la *Revue générale des Sciences* les sympathies du public instruit ; et c'est un signe heureux que, dans notre démocratie, un recueil de haute science obtienne le succès en intervenant aussi directement dans les affaires de notre pays. »

(Extrait du *Journal des Débats* du 4 mars 1896.)

Sixième année.

L'ÉCLAIRAGE ÉLECTRIQUE

REVUE HEBDOMADAIRE D'ÉLECTRICITÉ

PARAISSANT LE SAMEDI

DIRECTION SCIENTIFIQUE :

A. CORNU
Professeur à l'École Polytechnique,
Membre de l'Institut.

A. D'ARSONVAL
Professeur au Collège de France,
Membre de l'Institut.

G. LIPPMANN
Professeur à la Sorbonne,
Membre de l'Institut.

D. MONNIER
Professeur à l'École centrale
des Arts et Manufactures.

A. POTIER
Professeur à l'École des Mines,
Membre de l'Institut.

H. POINCARÉ
Professeur à la Sorbonne,
Membre de l'Institut.

J. BLONDIN
Professeur agrégé de l'Université.

ABONNEMENTS

FRANCE et ALGÉRIE : **50** francs. — UNION POSTALE : **60** francs

Les abonnements partent du commencement de chaque trimestre.

Prix du Numéro : 1 franc

Lorsqu'en septembre 1894 *La Lumière Électrique* cessa brusquement de paraître, l'émoi fut grand parmi tous ceux, savants et industriels, qui s'occupent d'électricité. C'était, en effet, un recueil universellement apprécié, dont la collection constitue aujourd'hui une sorte d'encyclopédie de la Science électrique et de ses applications, où tous les faits nouveaux, toutes les découvertes récentes se trouvent consignés et étudiés avec les développements qu'ils comportent.

Combler le vide laissé dans la Presse scientifique par la disparition de cet important organe s'imposait. C'est dans ce but que, groupant les principaux collaborateurs de ce recueil et y adjoignant des éléments nouveaux en vue d'accentuer son double caractère industriel et scientifique, **L'Éclairage Électrique** a été fondé. Publié sous le même format, avec la même périodicité, aussi largement illustré que *La Lumière Électrique*, **L'Éclairage Électrique**, qui paraît régulièrement depuis le 15 septembre 1894, a su conserver, et même, suivant d'aucuns, dépasser le rang qu'avait atteint son prédécesseur.

COMPOSITION DE CHAQUE NUMÉRO

Chaque numéro comprend cinq parties :

1° *Articles de fond.*
2° *Revue industrielle et des inventions.*
3° *Revue des Sociétés savantes et des publications scientifiques.*
4° *Bibliographie.*
5° *Chronique.*

Depuis quelques mois il a été ajouté à chaque numéro un Supplément où sont publiés les :

6° *Nouvelles.*
7° *Sommaires des périodiques.*
8° *Ouvrages reçus.*
9° *Brevets d'invention.*

I. Articles de fond. — Les articles de fond, généralement au nombre de quatre, se composent d'*articles originaux, de revues critiques et de descriptions d'usines, d'installations et de matériel.*

Les *articles originaux*, dus à la plume des savants les plus illustres et des ingénieurs les plus distingués, sont de beaucoup les plus nombreux et les plus développés. Les questions les plus complexes de l'électricité pure, aussi bien que les problèmes les plus ardus de l'art de l'ingénieur électricien y sont traités avec ampleur ; en outre, une place est accordée aux questions qui, sans être absolument du domaine de l'électricité, comme celles de l'optique et, dans un autre ordre d'idées, les questions relatives aux moteurs hydrauliques et thermiques, s'y rattachent assez étroitement pour présenter quelque intérêt aux savants et aux industriels.

Les *revues critiques* ont pour objet de remettre sous les yeux du lecteur, à l'occasion de quelque nouvelle découverte, l'ensemble des travaux effectués dans une des parties du domaine si vaste de l'électricité ; toujours confiées à un savant ou à un praticien au courant de la question, ces revues ont pour le lecteur l'inappréciable avantage de le dispenser d'aller chercher dans d'innombrables publications les mémoires originaux qui l'intéressent.

Les *descriptions d'usines, d'installations et de matériel*, généralement faites par les ingénieurs chargés de leur exécution ou en mesure de les étudier avec soin, sont toujours illustrées avec la plus grande profusion.

II. Revue industrielle et des inventions. — Dans cette seconde partie, *L'Éclairage Électrique* donne l'analyse des principaux articles publiés dans les *journaux français et étrangers*, des communications faites aux *Sociétés techniques* et des *Brevets d'invention*. Ces analyses, faites avec le plus grand soin et le plus rapidement possible, tiennent chaque semaine les ingénieurs au courant des questions qui les intéressent.

III. Revue des Sociétés savantes et de la presse scientifique. — Cette troisième partie rend aux savants les mêmes services que la précédente aux industriels ; elle est consacrée à l'analyse détaillée des mémoires présentés aux diverses *Académies et Sociétés savantes* ou publiés dans les principaux *Recueils scientifiques* du monde entier. Grâce à la compétence des collaborateurs qui en sont chargés, grâce aussi au soin et à la scrupuleuse exactitude qu'ils apportent au travail délicat qui consiste à résumer la pensée des autres sans la défigurer, cette *Revue* jouit d'une estime universelle et tout auteur d'un travail sérieux tient à honneur d'y figurer.

IV. Bibliographie. — Tout ouvrage important publié en France ou à l'étranger et se rapportant à l'électricité est l'objet d'une analyse critique absolument impartiale, assez étendue pour indiquer au lecteur la valeur de l'ouvrage et la nature de son contenu.

V. Chronique. — Dans cette partie, sont donnés des renseignements sur le développement des applications de l'électricité : *travaux projetés, installations d'usines récentes, résultats d'exploitation, statistique*, etc., ainsi que des analyses succinctes des travaux industriels et scientifiques de nature à pouvoir être exposés sans illustration.

Supplément. — Dans les *Nouvelles* sont publiées aussi rapidement que possible les informations relatives à la traction, l'éclairage, la téléphonie, etc., aux expositions, concours, formations de sociétés, etc.

Les *Sommaires des périodiques* donnent, chaque semaine et dans le plus bref délai, les titres des articles originaux publiés dans les principaux journaux d'électricité allemands, américains, anglais, autrichiens, etc., ainsi que des articles relatifs à l'électricité que publient les journaux et revues industriels ou scientifiques d'ordre plus général.

Les ouvrages envoyés à la Rédaction sont annoncés, sous la rubrique *Ouvrages reçus*, dès leur réception, de sorte que les lecteurs de *L'Éclairage Électrique* se trouvent ainsi constamment tenus au courant de la littérature électrique.

Enfin chaque semaine une liste des *Brevets d'invention* pris récemment en France, termine le supplément.

Cette division du journal et le développement qu'il est possible de donner à chacune de ses parties grâce à l'étendue de chaque numéro permettent de renseigner le lecteur, *rapidement et complètement*, sur tout ce qui s'écrit ou se fait en électricité, dans le monde entier.

PRINCIPAUX SUJETS RÉCEMMENT TRAITÉS

S'adressant aux savants, aux ingénieurs et aux constructeurs, *L'Éclairage Électrique* traite des sujets des plus variés se rapportant à *l'Électricité pure* et aux nombreuses *Applications de l'électricité.*

I. — Électricité pure.

Bien que toutes les questions d'électricité pure soient traitées avec ampleur dans la *Revue des Sociétés savantes et des publications scientifiques* où sont reproduits ou analysés les travaux présentés aux Académies des sciences et aux Sociétés de physique de Paris, Londres, Berlin, Vienne, Rome, Saint-Pétersbourg, et les mémoires publiés par les grandes revues scientifiques : *Annales de Chimie et de Physique, Journal de Physique, Annalen der Physik und Chemie, Philosophical Magazine, Physical Review*, chaque livraison de **L'Éclairage Électrique** contient généralement un article de fond sur l'*Électricité pure.*

Voici à titre de spécimens quelques-uns des articles de ce genre récemment publiés :

A PROPOS DE LA THÉORIE DE LARMOR.	**M. H. Poincaré** De l'Académie des Sciences, Professeur à la Sorbonne.
LA DÉCIMALISATION DE L'HEURE ET DE LA CIRCONFÉRENCE	**M. A. Cornu** De l'Académie des Sciences, Professeur à l'École Polytechnique.
RECHERCHES EXPÉRIMENTALES SUR LA POLARISATION ROTATOIRE MAGNÉTIQUE.	**M. Cotton** Maître de conférences à la Faculté des Sciences de Toulouse.
LA THÉORIE ÉLECTROMAGNÉTIQUE DE LA LUMIÈRE ET L'ABSORPTION CRISTALLINE.	**M. B. Bruhnes** Professeur à la Faculté des Sciences de Dijon.

Les questions d'actualité trouvent naturellement un large développement dans **L'Éclairage Électrique.** Les *rayons cathodiques* et les *rayons X* y sont l'objet de nombreux articles, revues ou chroniques, et il est rare qu'un numéro du journal ne contienne pas quelque étude sur les questions à l'ordre du jour. A titre de spécimen, nous reproduisons ci-dessous le sommaire des articles de fond de l'un des numéros de février 1896 :

Ces questions ont d'ailleurs été suivies et, laissant de côté les nombreuses *Revues* et *Chroniques* qui s'y rapportent, nous citerons parmi les *Articles de fond* :

— 31 —

SUR L'ACTION PHOTOGRAPHIQUE DES RAYONS X	**M. Ch. Maurain** Agrégé préparateur au Collège de France.
PERFECTIONNEMENT A LA CONSTRUCTION DES TUBES DE CROOKES DESTINÉS A LA PHOTOGRAPHIE PAR LES RAYONS DE RŒNTGEN.	**M. É. Colardeau** Agrégé de l'Université Professeur au Collège Rollin.
LES RAYONS CATHODIQUES ET LA THÉORIE DE JAUMANN	**M. H. Poincaré** De l'Académie des sciences.
LES RAYONS X ET LES ILLUSIONS DE PÉNOMBRE.	**M. G. Sagnac** Agrégé préparateur à la Sorbonne.
EFFETS DES RAYONS DE RŒNTGEN SUR LA CONDUCTIBILITÉ ÉLECTRIQUE DE LA PARAFFINE	**Lord Kelvin** **Dr Beattie** **Dr Smolan**

A la limite du domaine de l'*Électricité pure* se placent les analyses des travaux d'électricité présentés aux Congrès et les descriptions des appareils nouveaux rencontrés aux Expositions. Dans les derniers volumes de **L'Éclairage Électrique** ont paru sur ces sujets les articles qui suivent :

CONGRÈS INTERNATIONAL DES ÉLECTRICIENS DE GENÈVE.	**M. C.-E. Guye** Professeur à l'école polytechnique de Zurich. **M. J. Blondin** Agrégé de l'Université
CONGRÈS DE CARTHAGE DE L'ASSOCIATION FRANÇAISE POUR L'AVANCEMENT DES SCIENCES.	**M. A. Broca** Docteur ès sciences, Préparateur à la Faculté de Médecine de Paris.
COMMUNICATIONS FAITES A LA SECTION DES SCIENCES MÉDICALES DU CONGRÈS DE BORDEAUX.	**Dr Th. Guilloz** De la Faculté des Sciences de Nancy.
CONGRÈS DE CHIMIE APPLIQUÉE DE PARIS.	**M. J. Blondin** Agrégé de l'Université. et **M. G. Pelissier**
LES TRAVAUX DE L'ASSOCIATION BRITANNIQUE.	**M. A. Hess**
L'EXPOSITION DE GENÈVE.	**M. Ch.-E. Guye** Professeur à l'École polytechnique de Zurich.
L'EXPOSITION DE LA SOCIÉTÉ DE PHYSIQUE.	**M. J. Blondin** Agrégé de l'Université.

II. — Électricité appliquée.

Plus nombreux encore sont les articles se rapportant aux applications de l'Électricité.

Brevets d'invention. — La description des *Brevets d'invention*, d'une si grande importance pour l'ingénieur et le constructeur, est régulièrement faite sous forme d'articles et de revues très largement illustrés. Parmi les articles nous relevons :

LES APPLICATIONS MÉCANIQUES. . . . . .
LES APPLICATIONS THERMIQUES . . . . .
LES APPLICATIONS CHIMIQUES. . . . . .
LES LAMPES A ARC. . . . .
LES LAMPES A INCANDESCENCE. . . . . .

> **M. G. Richard**
> Ingénieur
> des Arts et Manufactures,
> Secrétaire général
> de la Société d'Encouragement.

LES APPLICATIONS A LA TRACTION. . . .

> **M. G. Pellissier**

LES DYNAMOS ET LES MOTEURS. . . . .

> **M. F. Guilbert**
> Ingénieur de la maison Farcot.

LA TÉLÉPHONIE ET LA TÉLÉGRAPHIE . .

> **M. A. Hess**

LES APPLICATIONS CHIMIQUES. . . . . .

> **M. J. Blondin**

LES INSTRUMENTS DE MESURE. . . . . .

> **M. H. Armagnat**
> Ingénieur de la maison Carpentier.

Descriptions d'installation. — Mais s'il est de la plus grande utilité d'être tenu au courant des inventions récentes, il est non moins utile de connaître celles qui ont subi l'épreuve de la pratique. L'Éclairage Électrique publie, dans ce dernier but, la description détaillée des grandes *Installations*.

Voici quelques-uns des articles de ce genre publiés dans les derniers volumes :

LA STATION CENTRALE DE ZURICH . . . .

> **M. Ch. Jacquin**
> Ingénieur
> des chemins de fer de l'Est.

LA DISTRIBUTION D'ÉNERGIE ÉLECTRIQUE A LYON. . . . .

> **M. J.-L. Routin**
> Ingénieur
> de la Société des forces motrices du Rhône.

LE TRANSPORT DE FORCE CHÈVRES-GENÈVE . . . .

> **M. C.-E. Guye**
> Professeur agrégé
> à l'Ecole polytechnique de Zurich.

Etudes industrielles. — Ces études forment la majeure partie des articles de fond. Toujours signées par les ingénieurs les plus distingués, elles se rapportent aux sujets les plus divers : Mesures industrielles, Génération et Transformation de l'électricité, Distribution, Moteurs, Transport de force, Éclairage, Électro-Chimie, etc., et contribuent à faire de **L'Éclairage Électrique** un journal indispensable à l'ingénieur-constructeur.

Voici quelques-uns des sujets récemment traités :

DÉCALAGE ET ÉTINCELLES DANS LES MA-CHINES A COURANT CONTINU.	**M. Fischer-Hinnen** Ingénieur-Electricien de la maison Farcot.
NOUVELLE MÉTHODE POUR LA DÉTERMINA-TION DES RENDEMENTS	**M. J.-L. Routin** Ingénieur de la Société des forces motrices du Rhône.
SUR LA DIFFICULTÉ DE RÉALISER UN CABLE TÉLÉPHONIQUE SOUS-MARIN. . .	**M. E. Brylinski** Ingénieur des Télégraphes.
SUR L'EMPLOI DU SECOHMÈTRE DANS LA MESURE DES COEFFICIENTS DE SELF-INDUCTION	**M. Osc. Colard** Ingénieur des télégraphes belges.
SUR LA MESURE DE L'ISOLEMENT EN MAR-CHE D'UN RÉSEAU A TROIS FILS A COU-RANT CONTINU. . . .	**M. Maurice Travailleur** Ingénieur-Electricien de la ville de Bruxelles.
LE TRAITEMENT ÉLECTROCHIMIQUE DES MINERAIS DE BROKEN HILL.	**M. E. Andrioli** Chimiste-Electricien.

Parmi les applications de l'électricité, deux ont pris dans ces dernières années une extension considérable; nous voulons parler de la *Traction électrique* et de l'*Électrochimie*.

La traction a été dans **L'Éclairage Électrique** l'objet de nombreux articles, revues et chroniques. Voici quelques-uns de ces articles :

SUR LES MOYENS DE DIMINUER LES FUITES DE COURANT DANS LE SOL, DUES AUX TRAMWAYS ÉLECTRIQUES AVEC RETOUR PAR LES RAILS.	**M. P. Lauriol** Ingénieur des Ponts et Chaussées.
LA TRACTION ÉLECTRIQUE PAR COURANTS POLYPHASÉS A LUGANO	**M. J.-L. Routin** Ingénieur de la Société des forces motrices du Rhône.
LE TRAMWAY DE LA PLACE DE LA RÉPU-BLIQUE A ROMAINVILLE.	**M. Ch. Jacquin** Ingénieur des Chemins de fer de l'Est.
DISTRIBUTION DU COURANT DE RETOUR DANS LES TRAMWAYS.	**M. A. Blondel** Ingénieur des phares et balises, Professeur à l'Ecole des Ponts et Chaussées.
TRAMWAYS ÉLECTRIQUES : CONDITIONS D'ÉTABLISSEMENT AU POINT DE VUE DES DANGERS ÉLECTROLYTIQUES POUR LES OUVRAGES PLACÉS SUR OU SOUS LES VOIES PUBLIQUES	**M. A. Monmerqué** Ingénieur en chef des Ponts et Chaussées.

Le matériel de traction de la com- pagnie de Fives-Lille.	**M. Paul Girault** Ingénieur de la Compagnie de Fives-Lille
La corrosion électrolytique par le courant de retour des tramways.	**M. Dugald C. Jackson** Professeur à l'Université de Wisconsin.

Voici, en outre, un extrait de la table des matières d'un des derniers volumes trimestriels qui donnera une idée de la quantité de matières qui peut être publiée sur une seule question et dans un seul volume de *L'Éclairage Électrique.*

Traction électrique

A. BLONDEL. Distribution du courant de retour dans les tramways. — C. DEL PROPOSTO. Sur le calcul des réseaux de tramways. — S.-L. FOSTER. Calcul de l'emplacement correct des fils à trôlet dans les courbes. — S.-L. FOSTER. La montée des rampes en tramway électrique. — Rapport du Dr Wietlisbach sur les perturbations téléphoniques dues à l'influence des courants industriels (Congrès de Genève). Discussion du rapport précédent. — G. PELLISSIER. Tramway électromagnétique Westinghouse. — TYLER. Tramway à conducteur de surface et courants alternatifs. — EDWARD HOPKINSON et SIEMENS. Trôlets articulés à contact glissant. — Statistique d'exploitation des tramways électriques à conducteur en caniveau de Washington. — Statistique d'exploitation des tramways électriques en France. — Le réseau des tramways de Chicago. — Les quatre métropolitains électriques de Chicago. — La traction mécanique à Paris. — Le chemin de fer souterrain à Buda-Pest. — Les tramways à air comprimé en Amérique. — La traction électrique et la traction funiculaire. — Le gaz naturel et les tramways électriques. — Nouvelle bicyclette électrique. — CH. JACQUIN. La propulsion électrique dans les égouts de Paris. — Un nouveau bateau sous-marin.

La traction électrique à Albany, Berlin, Buda-Pest, Chicago, Elmira, Hartlepools, Le Caire, Los Angeles, New-York, Philadelphie, Pilsen, Stettin, Varèse.

La traction électrique à Alger, Bernay, Bordeaux, Cette, Douai, Ecully, Grenoble, Le Havre, Joyeuse, Marseille, Montpellier, Nantes, Nice, Poitiers, Vals-les-Bains.

Spécialement sur l'électrochimie, *L'Éclairage Électrique* a publié pendant le 3e trimestre 1896 les articles ou revues qui suivent :

Electrochimie

J. BLONDIN et G. PELLISSIER. L'électrochimie au Congrès international de chimie appliquée. — A. MINET. Considérations générales sur les dernières applications de l'électrochimie. — Fabrication électrolytique de

EN VENTE

Tables générales des dix premiers volumes de **L'Éclairage Électrique**, 1 fascicule de 86 pages, donnant un état de ce qui a été publié jusqu'à ce jour . . 3 fr.

CONDITIONS ET PRIX
DE LA PUBLICATION

L'Éclairage Électrique paraît régulièrement tous les samedis, par fascicules in-4° de 48 pages imprimées sur deux colonnes, avec de très nombreuses figures.

Chaque année de la publication forme 4 volumes trimestriels de plus de 500 pages chacun, accompagnés d'une table très détaillée, par matières et par noms d'auteurs, à la fin de chaque volume.

Imprimé avec le plus grand soin, sur beau papier, et orné de figures très soignées, *L'Éclairage Électrique*, bien que le prix de l'abonnement annuel en puisse paraître élevé (**50 fr.** pour la France et **60 fr.** pour l'étranger), est la publication française d'électricité la moins chère, étant donné l'abondance des matières qu'on y trouve traitées et la quantité de pages qu'elle contient (près de 2000 par an).

Tout ce qui peut intéresser le savant ou l'ingénieur électricien y est signalé, analysé ou traité. *L'Éclairage Électrique* peut être considéré comme une encyclopédie de la science de l'électricité et de ses applications, qu'il suffit de consulter pour être au courant de toutes les nouvelles théories et expériences, de toutes les nouvelles entreprises ou inventions ou découvertes en électricité, sans être obligé de consulter aucune autre publication.

Neuvième année.

PHOTO-GAZETTE

Journal absolument indépendant.

RÉDACTEUR EN CHEF : G. MARESCHAL

Paraissant tous les mois, par fascicules in-8° jésus de 20 pages, avec de nombreuses illustrations et 1 planche hors texte.

PRIX DE L'ABONNEMENT ANNUEL

FRANCE. . . 7 fr. | ÉTRANGER. 8 fr.

Tous les amateurs et les professionnels doivent avoir soin de se tenir au courant des progrès que font tous les jours les appareils et les procédés photographiques.

Il est indispensable pour cela de s'abonner à un journal spécial.

PHOTO-GAZETTE est surtout un journal pratique.

C'est la seule publication **de luxe** qui soit aussi **bon marché**.

Chaque numéro contient **une illustration hors texte** tirée par les meilleurs procédés et de **nombreuses illustrations dans le texte** reproduisant les clichés communiqués par les abonnés du journal.

PHOTO-GAZETTE compte parmi ses rédacteurs les savants et les praticiens qui font autorité en matière photographique.

Les articles inédits, ou extraits des principaux journaux étrangers, sont choisis avec le plus grand soin et tiennent constamment le lecteur au courant des nouveautés. Chaque numéro publie les *Recettes et Formules nouvelles* aussitôt qu'elles sont connues.

Sous la rubrique **Offres et Demandes** les abonnés peuvent faire des propositions de vente, d'échange ou d'achat et se défaire ainsi du matériel devenu inutile ou acquérir des appareils d'occasion.

PHOTO-GAZETTE vient d'entrer dans sa **neuvième** année et compte des abonnés dans le monde entier.

Son succès toujours croissant prouve qu'elle répond bien à un besoin et que les amateurs et les professionnels y trouvent les indications nécessaires à leurs travaux.

Dans la **Petite Correspondance**, publiée en tête de chaque numéro, il est répondu à toutes les questions posées par nos abonnés.

- La rédaction se tient, du reste, constamment à leur disposition pour leur donner par correspondance, et d'une façon tout à fait désintéressée, les renseignements qui peuvent leur être utiles.

SOMMAIRE DES DERNIERS NUMÉROS PARUS

25 Mai 1898

Le cinquième Salon de photographie, E. Wallon. — Procédé à la gomme bichromatée, J. Warrens. — Caricatures photographiques, V. Teran. — Conseils aux débutants, E. Huard. — Reproduction des nuages, E. J. — Nouveautés photographiques : Lanterne de voyage Derepas ; Support séchoir ; Pince métallique pour sécher les papiers. — Nos illustrations. — Echos et nouvelles. — Recettes et formules : Développement lent au pyro ; Repiquage des clichés ; Vernis à retouche.

25 Juin 1898

Photographie d'aquarium, Fabre-Domergue. — Du choix d'un appareil stéréoscopique, H.-A. Deval-Rive. — Conseils aux débutants, E. Forestier. — A propos d'un concours, Cyrano. — Nouveautés photographiques : Jumelle Caillon ; Obturateur Thornton-Pickard ; Stéréoscope de poche. — Nos illustrations. — Echos et nouvelles. — Recettes et formules : Un verre dépoli facile à faire ; Soudure japonaise Darcy ; Développement à l'ortol. — Eau de Javel.

25 Juillet 1898

Épreuves personnelles, E. H. — Conseils aux débutants, E. Forestier. — Procédé à la gomme bichromatée, E. W. — La photographie des paysages, A. Crane. — Coloration des épreuves au platine, E. J. — De la surface locale des anastigmats, Comte d'Assche. — La photographie des couleurs, A. et L. Lumière. — Un nouveau réducteur, E. Wallon. — Nouveautés photographiques : Les papiers Hélios ; Nouvel objectif de M. Français ; Le stéréocycle. — Nos illustrations. — Echos et nouvelles. — Recettes et formules : Pommade pour ocrage des plaques ; Vernis pour clichés de Monckhoven.

25 Août 1898

Épreuves à la gomme bichromatée par tirages superposés, E. Wallon. — Couleurs et photo, Roger O'Bry. — Conseils aux débutants, Comte d'Osseville. — Éclairage pour projections, A. Molteni. — De la température en photographie, E. J. — Reproduction sur verre des clichés pelliculaires et autres, Jules Henrivaux. — Nouveautés photographiques : Viseur stadimétrique, universel et absolu. — Nos illustrations. — Echos et nouvelles. — Recettes et formules ; Développement des clichés surexposés ; Pomme de terre et coloriage ; Décollement des épreuves émaillées.

GEORGES CARRÉ ET C. NAUD, ÉDITEURS
3, RUE RACINE, PARIS

BULLETIN DE SOUSCRIPTION

Je soussigné...

....

demeurant à ....

....

déclare souscrire à un abonnement de (¹).................................

à partir du...

à (²)...

(SIGNATURE.)

(¹) Un an, six mois, trois mois.
(²) Ecrire le nom de la Revue à laquelle on s'abonne.

Envoi d'un numéro spécimen sur demande.

Revue Générale des Sciences :

Paris	Six mois, **14** fr.;	Un an, **20** fr.	
Départements	—	**12**	—	**22** —
Etranger . . .	—	**13** —	—	**25** —

L'Éclairage Électrique :

France .	Un an, **50** fr.;	Six mois, **28** fr.;	Trois mois, **15** fr.
Etranger	— . **60** —	— **32** —	— **17** —

Photo-Gazette :

France.	Un an, **7** fr.	
Etranger.	— **8** —	

ÉVREUX, IMPRIMERIE DE CHARLES HÉRISSEY